人人都是**设计师**

零基础学
游戏UI设计

胡雪梅 编著

U0378536

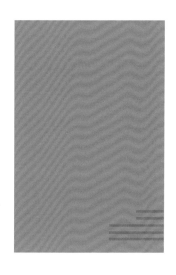

清华大学出版社
北京

内容简介

现如今，各种通信与网络连接设备与大众生活的联系日益密切。游戏 UI 是玩家与机器设备进行交互的平台，这就导致人们对各种类型的游戏 UI 界面的要求越来越高，同时使得游戏 UI 设计行业飞速发展。本书应广大游戏 UI 设计者的需求，向读者介绍如何设计既美观又符合要求的游戏 UI 界面。

本书主要依据初学者学习游戏 UI 设计的普遍规律安排内容，由浅入深地讲解初学者需要掌握和感兴趣的基础知识和操作技巧，全面解析各个知识点。全书结合实例进行讲解，详细地介绍了制作的步骤和游戏的应用技巧，使读者能轻松地学习并掌握。

本书共分为 5 章，主要内容包括初识游戏 UI 设计、游戏 UI 的构成元素、网页游戏 UI 设计、网络游戏 UI 设计和移动端游戏 UI 设计。本书根据读者学习的难易程度，以及在实际工作中的应用需求来安排章节，真正做到为读者考虑，也让不同程度的读者更有针对性地学习内容，弥补自己的弱项，并有效帮助游戏 UI 设计爱好者提高操作速度与效率。

本书知识点结构清晰、内容有针对性、实例精美实用，适合 UI 设计专业、网络游戏设计专业和平面设计专业的师生以及 UI 设计人员和游戏 UI 设计爱好者阅读。读者可以扫描书中提供的二维码，查看书中所有实例的微视频、素材和 PPT 课件，补充书中遗漏的细节内容。

图书在版编目（CIP）数据

零基础学游戏UI设计 / 胡雪梅编著. —北京：清华大学出版社，2020.5（2021.8 重印）
（人人都是设计师）

ISBN 978-7-302-55078-5

Ⅰ. ①零… Ⅱ. ①胡… Ⅲ. ①游戏程序—程序设计 Ⅳ. ①TP317.6

中国版本图书馆CIP数据核字（2020）第039391号

责任编辑：张　敏
封面设计：杨玉兰
责任校对：胡伟民
责任印制：宋　林

出版发行：清华大学出版社
网　　址：http://www.tup.com.cn，http://www.wqbook.com
地　　址：北京清华大学学研大厦A座　　邮　　编：100084
社 总 机：010-62770175　　邮　　购：010-83470235
投稿与读者服务：010-62776969，c-service@tup.tsinghua.edu.cn
质量反馈：010-62772015，zhiliang@tup.tsinghua.edu.cn
印 装 者：北京博海升彩色印刷有限公司
经　　销：全国新华书店
开　　本：170mm×240mm　　印　　张：10　　字　　数：235千字
版　　次：2020年7月第1版　　印　　次：2021年8月第2次印刷
定　　价：59.80元

产品编号：085930-01

前言

随着信息量不断增加，人们的生活变得越来越离不开智能设备，提到智能设备就不得不说游戏 UI 界面。游戏 UI 界面是玩家与各种机器和设备进行交互的平台，一款好的游戏，UI 界面设计应该同时具备美观与易于操作两个特性。

本书主要通过理论知识与操作案例相结合的方法，向读者介绍使用 Photoshop CC 2019 和 Illustrator CC 2019 进行各种类型游戏 UI 设计所需的功能和操作技巧。

内容安排

本书共分为 5 章，采用少量基础知识与大量应用案例相结合的方法，循序渐进地向读者介绍使用 Photoshop CC 2019 和 Illustrator CC 2019 进行各种游戏 UI 设计的操作方法与技巧，下面分别是各个章节的具体内容。

第 1 章　初识游戏 UI 设计：主要介绍了游戏 UI 设计相关的理论知识，包括 UI 设计与游戏 UI、熟悉游戏 UI 设计、游戏 UI 的前期准备工作、游戏 UI 的设计原则、提示信息的设计要求、反馈信息的设计原则以及游戏 UI 设计的 3 种形式等内容。这些知识可以帮助读者初步了解游戏 UI 设计，为更深入地学习建立良好的开端。

第 2 章　游戏 UI 的构成元素：主要介绍了游戏 UI 中元素设计的知识和相应的制作技巧，包括游戏 UI 设计中的视觉元素、游戏 UI 中的图形元素设计、游戏 UI 中的文字元素设计、游戏 UI 中的动态控制元素设计和游戏 UI 中的其他元素设计等内容。希望通过本章的学习，读者能掌握游戏 UI 界面的元素设计，这对以后的学习至关重要。

第 3 章　网页游戏 UI 设计：主要介绍了网页游戏中的设计原则与设计目标，包括了解网页游戏 UI 设计、网页游戏的分类、游戏 UI 设计过程解析、网页游戏 UI 的设计原则和网页游戏 UI 的设计目标等内容。经过本章的学习，读者可以熟悉网页游戏设计原则与设计目标。

第 4 章　网络游戏 UI 设计：主要介绍了一些网络游戏的设计分类和设计技巧，包括了解网络游戏 UI 设计、网络游戏 UI 设计类别、网络游戏 UI 的设计要求、网络游戏与传统单机游戏和角色扮演类游戏 UI 设计等内容。

第 5 章　移动端游戏 UI 设计：主要介绍了移动端游戏的设计要点和设计技巧，包括 App 游戏 UI 设计概况、iOS 系统游戏 UI 设计基础、Android 系统游戏 UI 设计基础、App 游戏的情感设计、App 游戏的轻重设计、传统游戏与 App 游戏的异同和其他设备的游戏 UI 设计等内容。本章的重点内容是掌握 App 游戏界面的设计思路和特点。

本书特点

本书采用理论知识与操作案例相结合的教学方式，全面向读者介绍了不同类型游戏 UI 设计的设计规范和设计原则。

·通俗易懂的语言

本书采用通俗易懂的语言全面地向读者介绍各种类型游戏 UI 设计所需的基础知识和操作技巧，确保读者能够理解并掌握相应的功能与操作。

·基础知识与实战案例结合

本书摈弃了传统教科书式的纯理论式教学，采用少量基础知识和大量实战案例相结合的讲解模式。书中所使用的案例都具有很强的商业性和专业性，不仅能够帮助读者强化知识点，而且对读者开拓思路和激发创造性有很大的帮助。

·技巧和知识点的归纳总结

本书在基础知识和实战案例的讲解过程中列出了大量的提示和技巧，这些信息都是结合作者长期的游戏 UI 设计经验与教学经验归纳出来的，可以帮助读者更准确地理解和掌握相关的知识点和操作技巧。

·微视频教学 +PPT 课件辅助学习

读者可以扫描书中提供的二维码，查看书中所有实例的微视频教学，跟着本书做出相应的效果，并快速应用于实际工作中。读者扫描以下二维码，还可获取本书所有实例的相关素材以及教学 PPT 课件。

素材

PPT 课件

读者对象

本书适合 UI 设计爱好者，想进入软件 UI 设计领域的读者，以及设计专业的大中专学生阅读，同时对专业设计人士也有很高的参考价值。希望读者通过对本书的学习，能够早日成为优秀的 UI 设计师。

本书作者在写作过程中力求严谨，由于时间有限，疏漏之处在所难免，望广大读者批评指正。

编者

目 录

第 1 章

初识游戏 UI 设计

本章主要内容

随着网络科技和游戏设备的发展，各种类型的游戏层出不穷，如何使游戏脱颖而出，游戏 UI 设计起着至关重要的作用。在本章中将向读者介绍有关游戏 UI 设计的基础知识，使读者对游戏 UI 设计有初步的了解和认识。

1.1 UI 设计与游戏 UI

UI 设计和游戏 UI 是包含与被包含的关系，不管从广义还是狭义上来讲，游戏 UI 设计都是 UI 设计的分支，这就决定了游戏 UI 与设计有着千丝万缕的联系，但又不尽相同。接下来分别向读者介绍 UI 设计与游戏 UI 的概念，帮助读者理清 UI 设计与游戏 UI 设计的关系。

▶ 1.1.1　UI 设计的概念

UI（用户界面）是广义概念，它包括了 UE（用户体验）设计、GUI（图形用户界面）设计以及 ID（交互设计）。

1）UE 设计

UE 设计关注的是用户的行为习惯和心理感受，就是思考用户怎么使用软件或硬件才觉得顺心如意。

2）GUI 设计

GUI 设计具体来讲就是界面设计，它只负责应用的视觉界面，国内大部分的 UI 设计师其实做的就是 GUI。

3）ID

ID 简单来讲是指人和应用之间的互动过程，一般由交互工程师来做。

> ☆ 提示
>
> UI 设计是指对应用的人机交互、操作逻辑、界面美观的整体设计。好的 UI 设计不仅是让应用变得有个性，有别于其他产品，还要让用户便捷、高效、舒适、愉悦地使用应用。

在人机交互中，有一个层面叫作界面。从心理学的角度来讲，可以把界面分为两个层次：感觉（视觉、触觉、听觉）和情感。人们在使用某产品时，第一时间直观感受到的是屏幕上的界面，它传递给人们使用此产品前的第一印象。

一个友好、美观的界面能给人带来愉悦的感受，增加用户的产品黏度，为产品增加附加值。通常，很多人会觉得界面设计仅仅是视觉层面的东西，这是错误的理解。设计师需要定位用户群体、使用环境、使用方法，最后根据这些数据进行科学的设计。

一款界面设计好坏与否，不是由领导和项目成员决定的，最有发言权的是用户，而且不是由一个用户说了算，而是由一个特定的群体说了算。所以，UI 设计要时刻与用户研究紧密结合，时刻考虑用户会怎么想，才能设计出用户满意的产品。图 1-1 所示为出色的 UI 设计。

图 1-1　出色的 UI 设计

▶ 1.1.2　GUI 设计的概念

GUI（Graphical User Interface，图形用户界面）是指使用图形方式显示的计算机操作用户界面。GUI 设计的广泛应用是当今计算机发展的重大成就之一，它使非专业用户操作用户界面变得非常方便。人们从此不需要死记硬背大量的命令，取而代之的是可以通过窗口、菜单、按键等方式方便地对用户界面进行操作。

图形用户界面是一种人与计算机通信的界面显示格式，允许用户使用鼠标等输入设备操纵屏幕上的图标或菜单选项，以选择命令、调用文件、启动程序或执行其他一些日常任务，如图 1-2 所示。

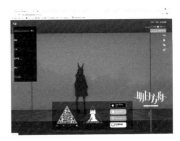

图 1-2　通过鼠标操作菜单选项

> ☆ **小技巧：图形用户界面的优点**
>
> 与通过键盘输入文本或字符命令来完成例行任务的字符界面相比，图形用户界面有许多优点。图形用户界面由窗口、下拉菜单、对话框以及其相应的控制机制构成，在各种新式应用程序中都是标准化的，即相同的操作总是以同样的方式来完成。在图形用户界面，用户看到和操作的都是图形对象，应用的是计算机图形学的技术。

GUI 设计是 UI 的一种表达方式，是以可见的图形方式展现给用户的。而用户体验是用户在与产品的交互过程中所获得的感受，同 GUI 相比，它是不可见的。GUI 与 UE 是 UI 设计过程中最为重要的组成部分，它们是相互影响并紧密联系的。在 UI 设计过程中，GUI 设计的目的就是提高和改善人机交互过程，使用户操作更为直接和方便。

如果整个人机交互过程可以理解为一个系统，那么用户体验就是一个系统反馈，有了这个反馈，系统就可以不断修正自身误差，以达到最佳的输出状态。图 1-3 所示为出色的游戏 UI 设计。

图 1-3　出色的游戏 UI 设计

▶ 1.1.3　游戏 UI 设计的概念

在计算机科学领域，界面是人与机器交流的一个"层面"，通过这一层面，人可以对计算机发出指令，并且计算机可以将指令的接收、执行结果通过界面即时反馈给使用者，如此循环

往复，便形成了人与机器的交互过程。这个
承载信息接收与反馈的层面就是人机界面。

设计这个人机界面的过程叫作游戏 UI
设计，即游戏 UI 就是游戏的用户界面，包
括游戏前和游戏中两个部分的所有界面。图
1-4 所示为 UI 设计、GUI 设计和游戏 UI 设
计的从属关系。

图 1-4　UI 设计分类

在游戏领域中，玩家与游戏的沟通也是通过界面这一媒介实现的，即游戏界面是玩家与
游戏进行沟通的桥梁。

玩家通过游戏界面对游戏中各个环节、功能进行选择，实现游戏视觉和功能的切换，并对
游戏角色和进程进行控制，游戏
界面则同步反馈玩家在游戏中的
状态。

游戏界面的存在不仅联系
了游戏与游戏参与者，同时也
将游戏玩家以一种特殊的方式
连接起来。图 1-5 所示为精美的
游戏 UI 设计。

图 1-5　精美的游戏 UI 设计

1.2　熟悉游戏 UI 设计

一般情况下，使用软件的用户更注重功能实现的快捷与否。而游戏玩家除此以外，还更多
地希望能够获得感官上的享受，同时对视觉和创意的要求比一般软件用户更为挑剔。接下来带
领读者进一步熟悉游戏 UI 设计，帮助读者可以尽快地上手进行游戏 UI 设计。

▶ 1.2.1　游戏 UI 设计的目标

每款游戏在设计开发过程中，烘托强烈的游戏氛围，创造游戏的沉浸感都被作为游戏的
重要目标，游戏开发人员希望游戏玩家能够在游戏开始的那一刻就完全被游戏画面吸引，全
身心投入游戏中甚至达到忘我的境界。

游戏界面的次要目的是通过色彩、图形、声音等
元素的应用，使容易打破玩家在游戏中完整体验的界
面尽可能地隐于游戏世界中，辅助整个游戏，烘托游
戏所要传达的情感，让游戏玩家在不知不觉中更加自
然地操控游戏世界中的各种元素。图 1-6 所示为拥有
出色氛围的游戏 UI 设计。

图 1-6　拥有出色氛围的游戏 UI 设计

简单地说，游戏界面的首要目标是游戏界面的功能属性，而游戏界面的次要目标则是追求界面的情感属性。游戏界面只是解决玩家与游戏之间交互的一种手段，其最终目的是解决和满足玩家的游戏体验需求。

▶ 1.2.2　游戏 UI 设计与 UI 设计的不同

UI 设计承载的是其内容，而游戏 UI 设计承载的是内容与玩法，性质上都是引导用户或玩家进行更流畅的操作。游戏 UI 设计与其他类型 UI 设计有许多相似的地方，但游戏本身的特点也决定了游戏 UI 设计与其他类型 UI 设计不同。

1）视觉风格不同

其他类型的 UI 设计其视觉风格可以独立于内容，而游戏 UI 必须结合游戏本身的风格进行设计，所以在视觉层面上其他类型的 UI 设计自由度相对比较高一些。图 1-7 所示为网页 UI 设计。

图 1-7　网页 UI 设计

游戏 UI 设计需要在已有游戏美术范围内做设计，相对于其他类型 UI 在设计上会困难一些、复杂一些，同时对游戏设计师的设计能力和美术理解力上要求也更高一些。图 1-8 所示为游戏 UI 设计。

图 1-8　游戏 UI 设计

2）表现形式不同

UI 设计仅仅只是考虑视觉层面的效果，而游戏 UI 设计还需要兼顾逻辑层面的交互与功能。与其他类型 UI 相比，游戏 UI 需要多考虑玩法的表现，游戏不仅仅需要一个美观、表意明确的界面，还需要表现形式与游戏玩法的相互结合。

以摄像头为例，网页 UI 首先要考虑的是它的功能，即拍照、滤镜和摄像；而游戏 UI 则会衍生出无限的玩法，比如大头贴和打飞碟等一系列基于摄像头感应交互的游戏。这些游戏看似都是以摄像头为基础的游戏互动，但是稍微变换一下或者添加一个玩法，这个游戏的性质就会不一样，游戏 UI 需要考虑到这种无限的变化性。图 1-9 所示为跑酷游戏 UI 的表现形式。

3）复杂程度不同

一款大型游戏在设计之时，

图 1-9　跑酷游戏 UI 的表现形式

为了保证游戏世界的完整性和游戏逻辑的缜密性，它的界面数量会多达上百个，因此游戏 UI 设计无论在视觉、逻辑和数量上都比其他类型 UI 设计要复杂得多，同时也是 UI 设计领域中非常重要的一部分。图 1-10 所示为简洁的 App 软件设计，图 1-11 所示为复杂的网络游戏 UI 设计。

图 1-10　简洁的 App 软件设计

图 1-11　复杂的网络游戏 UI 设计

▶ 1.2.3　理解用户体验

由于计算机技术发展日新月异，所以用户体验设计越来越被游戏设计开发人员所重视，这也使得所设计的游戏与玩家的行为特点越来越匹配。

用户体验是一种纯主观的、在用户使用产品（服务）的过程中建立起来的心理感受。因为它是纯主观的，所以就带有不确定因素。因为每个个体在使用同一个产品的时候都有自身的感受，这个差异化也决定了这种体验无法一一再现。但是，设计师可以根据某个特定的使用群体做一个概括性的总结分析。

小技巧：为何要重视用户体验？

用户体验主要来自用户和人机界面的交互过程，它是伴随着计算机兴起而出现的。在早期的产品开发中，用户体验并不被企业看重。因为领导人员觉得用户体验只是产品创造过程中很小的一个环节，而作为用户体验的表现层（GUI）也只是被看作产品的外包装，所以往往到产品核心功能设计进入尾声的时候才让 UI 设计师介入。这使得用户体验设计被限制在现有的功能之中，产品得不到应有的改善。如果产品在试用阶段发现了很大的体验问题，那么产品核心功能将面临再次修改或被强制性地推向市场，这样无疑让企业承受了很大的风险。

吸取前人的经验与教训，当前很多公司越来越注重以用户为中心的产品观念。用户体验的概念从一款产品开发最早期就参与设计理念，并贯穿始终。概括起来，用户体验参与开发的目的主要有以下几点。

- 对用户体验有正确的预估。
- 认识用户的真实期望和目的。
- 在功能核心的研发阶段，通过用户体验对不完善的设计进行修正。
- 保证功能核心与人机界面之间的协调工作，减少错误。

▶ 1.2.4 认知心理学的作用

认知心理学是关于认知的，人类认识客观事物主要通过感觉、直觉和思维想象等方式。认知心理学包含了很多内容，其核心是输入和输出之间发生的内部心理过程。

知觉是由视觉和听觉构建的，人被特定的图像和声音刺激后产生某种特征，并以抽象的方式进行编码，把输入的编码和记忆中的信息进行对比得出对刺激的解释，这一过程就是认知。心理学家们经常使用类比、模拟和验证的方法去研究计算机的使用人群，要让计算机的行为符合人类行为，开发人员就得想办法让程序和逻辑符合人类的认知。图 1-12 所示为认知心理学与游戏 UI 的关系示意。

通常在设计 UI 过程中，会把 UI 与认知心理学结合起来进行思

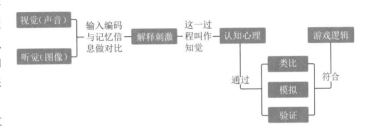

图 1-12　认知心理学与游戏 UI 的关系

考。基于用户行为基础做设计，在用户预期和 UI 设计实现之间实现兼容，这样才能保证所设计的 UI 不是"残品"，而是美观、易用、友好的。

1.3　游戏 UI 设计的前期准备工作

游戏 UI 承载的不仅仅是单纯的内容（例如游戏地图、任务等），它还需要传递游戏的基因和世界观。在开始对游戏 UI 进行设计之前，首先需要了解该款游戏的世界观，以及该款游戏 UI 的设计风格，这样设计出来的游戏 UI 才能与该款游戏相契合。

▶ 1.3.1 建立完整的游戏世界观

判断一款游戏 UI 的好坏不仅仅要依据表现上的视觉，还要根据游戏 UI 元素与游戏世界观是否贴切来判断。

什么是游戏的世界观呢？游戏世界观将会告诉玩家，游戏的玩法、模式，游戏人物的矛盾点，游戏事件发生的背景等一系列内容。在一个游戏中，几乎所有的元素都是世界观的组成部分，而建立完整的游戏世界观，可以帮助游戏玩家快速了解游戏并沉浸在游戏中。

☆ 提示

任何一款游戏，都有它既定的世界观。没有不存在世界观的游戏，只有和游戏世界观不匹配的游戏元素。

设计师在设计游戏之初都会为游戏搭建一些规则，并为实现这些规则添加一些元素。有些

游戏的世界观表现得比较完整，例如《魔兽世界》；也有些游戏，它的世界观表现得比较隐晦，例如《俄罗斯方块》。图1-13所示为《魔兽世界》和《俄罗斯方块》的游戏UI。

图1-13　《魔兽世界》和《俄罗斯方块》的游戏UI

在对游戏UI进行设计之前，必须要做好功课，认真了解所需要设计的游戏的世界观。只有了解了故事发生的背景、故事的剧情和矛盾，才能有效地寻找相关的素材，并提炼相关的视觉元素为游戏UI设计服务。

假设项目组要为名为《明日方舟》的游戏策划设计一系列的游戏UI。那么，项目组内的人员首先应该了解《明日方舟》的故事梗概、背景设定、人物特点和游戏道具等元素。

1）游戏故事梗概

在游戏中，玩家将作为罗德岛的领导者"博士"，带领罗德岛的一众干员救助受难人群、处理矿石争端以及对抗整合运动，在错综复杂的势力博弈之中，寻找治愈矿石病的方法。根据游戏的故事梗概，确定游戏中需要的背景设定为"源石""天灾""矿石病""罗德岛"和"整合运动"等一系列规则，如图1-14所示。

矿石病

了解了游戏的背景设定后，设计师在提炼设计元素的时候就有了一定目的和方向性。设计游戏UI时，在游戏初始界面中为游戏玩家逐一介绍这些规则。

图1-14　介绍游戏规则

2）游戏前情提要介绍

设计师也可以根据故事梗概和背景设定，在为游戏玩家介绍完游戏规则后，继续为其介绍游戏的前情提要，方便游戏玩家进一步了解此款游戏的世界观。图1-15所示为《明日方舟》介绍前情提要的游戏UI设计。

☆提示

设计师会为游戏的前情提要进行UI设计，设定一个"跳过"按钮，方便那些没有耐心不想了解游戏世界观的玩家。但是跳过前情提要的介绍，玩家会在之后的游戏中感到困惑，不明白其中的一些设定和规则，从而降低用户体验，同时游戏世界观也就没有了意义。

图 1-15 《明日方舟》介绍前情提要的游戏 UI 设计

1.3.2 确定游戏 UI 设计风格

游戏 UI 的设计风格并不是由 UI 设计师来决定的，它取决于此款游戏的原画设定。UI 设计师按照已有的游戏原画风格进行游戏 UI 设计。

从游戏风格来讲，可以将游戏分为以下几种类型。

1）超写实风格

画面真实感很强，这类游戏场景中人们的细节表现都很细腻，为了防止过多的视觉信息干扰，通常会把游戏界面设计得简洁通透，几乎让玩家感受不到游戏界面的存在，仿佛置身于游戏场景之中。图 1-16 所示为超写实风格的游戏 UI 设计。

图 1-16 超写实风格的游戏 UI 设计

2）涂鸦风格

涂鸦风格游戏的画面以涂鸦感觉为主，画面轻松而自然，让玩家在游戏中回味童真童趣。这类游戏的 UI 设计，通常采取看似笨拙的涂鸦风格与游戏的内容保持一致。图 1-17 所示为涂鸦风格的游戏 UI 设计。

3）暗黑风格

西方魔幻类游戏通常采用暗黑风格的游戏 UI 设计，特点为游戏画面色

图 1-17 涂鸦风格的游戏 UI 设计

调较暗，局部有绚丽的光线，给玩家一个真实的魔幻世界。

暗黑风格的游戏 UI 通常使用大花纹装饰、厚重的金属框体和破旧的木板或者羊皮纸作为设计元素，这类元素通常可以增加玩家对游戏的带入感。图 1-18 所示为暗黑风格的游戏 UI 设计。

4）卡通风格

卡通风格的游戏 UI 设计画面比较轻松活泼，设计师常常使用比较鲜艳亮丽的色彩对游戏画面进行搭配。在符合轻松活泼的气氛下，卡通风格的游戏 UI 设计其形式和颜色相对比较自由，设计师可以更稳定地进行发挥。图 1-19 所示为卡通风格的游戏 UI 设计。

图 1-18　暗黑风格的游戏 UI 设计　　　　　　图 1-19　卡通风格的游戏 UI 设计

1.3.3　游戏 UI 的设计流程

一个游戏 UI 的设计大体可以分为需求分析、分析设计、调研验证、方案改进、验证反馈 5 个阶段。图 1-20 所示为游戏 UI 的设计流程。

1. 需求分析阶段

游戏 UI 界面依然属于工业设计的范畴，依然离不开 3W 的考虑（Who、Where、Why），也就是使用者、使用环境、使用方式的需求分析。

在设计一个游戏产品的 UI 部分之前，同样应该明确什么人用（用户的年龄、性别、爱好、收入和教育程度等），什么地方用（办公室、家庭、公共场所），如何用（鼠标键盘、手柄、屏幕触控）。上面的任何一个元素改变了，结果都会有相应的改变。图 1-21 所示为需求分析示意图。

图 1-20　游戏 UI 的设计流程

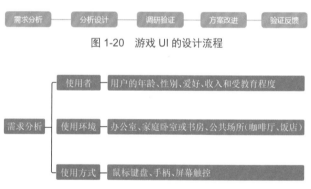

图 1-21　需求分析示意图

☆ 提示

举一个简单的例子，当设计一套 PC 平台的 Q 版网络游戏界面和一套游戏机平台的动作游戏界面时，由于针对的受众不同，操作习惯与操作方式有差别，所以在设计风格上也要体现出相应的变化。

除此之外，在需求分析阶段，同类竞争产品也是必须要了解的。同类产品比我们的产品提前问世，我们的产品要比它做得更好才有存在的价值。那么，单纯从 UI 界面的美学考虑说哪个好哪个不好是没有客观的评价标准，只能说哪个更合适，更合适于最终用户也就是玩家的产品就是最好的产品。

2. 分析设计阶段

通过分析上面的需求后进入设计阶段，也就是方案形成阶段。在这个阶段，可以设计出几套不同风格的界面用于备选。

首先制作一个体现用户定位的词坐标，例如以 18 岁左右的女性玩家为游戏的主要用户，对于这类用户分析得到的词汇有唯美、精美、趣味、交流、时尚、粉色、个性、品质、放松等。

分析这些词汇的时候会发现，有些词是必须体现的，例如精美、趣味、时尚、交流；但有些词是相互矛盾的，必须放弃一些，例如时尚、放松与粉色、个性化等。图 1-22 所示为手机游戏《闪耀暖暖》的 UI 界面，其主要用户是女性。

图 1-22 手机游戏《闪耀暖暖》的 UI 界面

设计师可画出一个坐标，上面是必须体现的品质，如精美、趣味、时尚和交流；左边是贴近用户心理的词汇，如时尚、放松、人性化和唯美；右边是体现用户外在形象的词汇，如粉色、个性、时尚和品质。然后开始收集相应的素材，放在坐标的不同点上，这样根据不同坐标的风格，设计出数套不同风格的游戏 UI 界面，如图 1-23 所示。

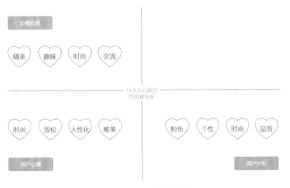

图 1-23 坐标分析

3. 调研验证阶段

几套风格必须保证在同等的设计制作水平上，不能明显看出差异，这样才能得到用户客观的反馈。

调研验证阶段开始前，应该对测试的细节进行清楚的分析描述。

举例如下。

数据收集方式：厅堂测试 / 模拟家居 / 办公室。

测试时间：× 年 × 月 × 日。

测试区域：北京、上海、广州。

测试对象：某游戏界定市场用户。

主要特征如下。

- 对计算机的硬件配置以及相关的性能指标比较了解，计算机应用水平较高。
- 计算机使用经历一年以上。
- 玩家购买游戏时品牌和游戏类型的主要决策者。
- 年龄：× ～ × 岁。
- 年龄在 × 岁以上的被访者文化程度为大专及以上。
- 个人月收入 × 元以上或家庭月收入 × 元以上。
- 样品：× 套游戏界面。
- 样本量：× 个，实际完成 × 个。

调研验证阶段需要从以下几个问题出发。

- 用户对各套方案的第一印象。
- 用户对各套方案的综合印象。
- 用户对各套方案的单独评价。
- 选出最喜欢的。
- 选出其次喜欢的。
- 对各方案的色彩、文字、图形等分别打分。
- 结论出来以后请所有用户说出最受欢迎方案的优缺点。

所有这些都需要使用图形表达出来，这样更直观、科学。

4. 方案改进阶段

经过用户调研，得到目标用户最喜欢的方案，而且了解到用户为什么喜欢，还有什么遗憾等，这样就可以进行下一步修改了。这时可以把精力投入到一个方案上，将该 UI 设计方案做到细致精美。

5. 验证反馈阶段

改正以后的方案就可以推向市场了，但是设计并没有结束，设计者还需要用户反馈。好的设计师应该在产品上市以后多与用户接触，了解用户真正使用时的感想，为以后升级版本积累经验资料。

经过上面设计过程的描述，可以清楚地发现，游戏 UI 设计是一个非常科学的推导公式，有设计师对艺术的理解感悟，但绝对不是仅仅表现设计师个人的绘画，所以要一再强调这个工作过程是设计的过程。

以上是整个游戏 UI 设计需要经过的主要流程，但实际操作中设计师可能还是会面临很多如时间与质量的问题，所以这里并不强调一定要严格地按照这个公式来设计和制作游戏界面。

图 1-24 所示为网
络游戏《剑侠情缘》的
游戏 UI。在该游戏的
整个开发过程中，游戏
UI 的设计尝试了几种
不同的风格，从最初华
丽炫目的界面设计方案
到最后朴实简洁的完成
品，可以看到游戏 UI
设计师的整个创作过程

图 1-24　《剑侠情缘》的游戏 UI

在不断地进行思维的演变，同时积极与玩家互动，将玩家反馈的意见加以整理与提取，才把
最适合玩家的方案呈现在玩家面前。

1.4　游戏 UI 的设计原则

游戏界面存在的主要意义就是实现游戏参与者与游戏之间的交流，这里的交流包括玩家
对游戏的控制以及游戏给玩家提供的信息反馈，简而言之，游戏界面的首要目的是实现控制
与提供信息反馈。

▶ 1.4.1　设计原则的详细释义

经过对大量游戏玩家的调查，可以将游戏 UI 设计的问题分为 3 类：信息呈现问题，界面
布局和操作流程问题，以及提示信息和反馈问题，其中前两类与游戏类型和具体玩法规则的
关联更密切，更适合面向单产品有针对性地评估，而提示信息和反馈问题具有跨游戏类型的
通用性，可以提炼普适性的设计原则。

玩家沉浸在游戏世界时，游戏必须及时告诉玩家游戏世界中正在发生的事情，例如玩家
当前所处位置、得分情况、是否已经完成游戏目标等。

游戏界面的信息反馈目的之一是让玩家了解游戏进程，以便调整游戏策略。一个
成功的游戏界面会利
用反馈功能帮助玩家
快速了解游戏规则、
剧情、环境以及操作
方式等。图 1-25 所示
为游戏界面中的信息
反馈。

图 1-25　游戏界面中的信息反馈

☆ 提示

对于一款游戏来说，如果没有反馈和控制功能界面，就没有存在的意义。界面的频繁交互是游戏 UI 区别于其他 UI 设计的最大特征。

▶ 1.4.2 设计原则的评价标准

首先需要明确研究对象，在玩家与游戏 UI 的交互过程中，系统主动呈现的起到提醒和解释作用的即提示信息；系统对玩家操作、行为给予的响应信息即反馈。

提示信息和反馈是为游戏体验服务的，大家在游戏中是否有过这样的体验："全神贯注地投入，心无杂念，忘记时间以及周围的环境，感觉自己处于巅峰状态，完全地享受这一过程的乐趣。"这就是"心流"体验，在游戏研究领域，"好的游戏应该引发心流体验"已经被众多游戏开发者认同，业界也普遍将"心流"作为评估游戏体验的核心指标。

好的提示信息和反馈应促进心流的形成和持续，应支持心流各要素的产生。表 1-1 所示为心流的要素。

表 1-1 心流的要素

清晰的目标	通过明确的提示信息对目标有一个正确的认识，提供完成目标的方法和途径
明确的反馈	通过反馈了解目标的进展状况，告知玩家游戏当前的状态以及操作的效果
集中注意力	借助反馈感受与游戏世界的互动，使玩家其沉浸其中
控制感	通过反馈感受控制感
技能与挑战匹配	通过提示信息和反馈应对挑战的能力，对游戏行为进行调整

1.5 提示信息的设计要点

提示信息作为游戏 UI 比较重要的设计原则之一，也有其自己独立的、确定的设计要点。提示信息的设计要点如图 1-26 所示。

图 1-26 提示信息的设计要点

▶ 1.5.1 使提示信息易于发现

这里为读者提供 4 个使提示信息容易被玩家发现的方式。

1. 增加面积

如果想要游戏 UI 中的提示信息容易被玩家发现，第一个方法就是增加提示信息的面积，提示信息的面积越大，玩家自然越容易发现。在布局允许的情况下，设计师可以将玩家必须注意到的、对玩家十分重要的提示信息做成大面积的弹框，如图 1-27 所示。

《开心消消乐》在玩家使用完系统给定的基础步数后，会弹出大面积的提示框，让玩家选择"增加步数"和"重新开始"的选项。

图 1-27 《开心消消乐》游戏 UI 设计

2. 突出提示信息

使提示信息易于发现的第二个方法就是使用合理的颜色搭配突出提示信息，设计师常用对比颜色来配色提示信息。例如黄和蓝、紫和绿、红和青；任何色彩和黑、白、灰；深色和浅色；冷色和暖色；亮色和暗色等颜色对比，如图 1-28 所示。

在《保卫萝卜 2》中，角色的生命值图标使用红色和黄色，与背景的蓝色形成了鲜明的对比，这样一来，角色很容易被玩家识别到。

图 1-28 《保卫萝卜 2》的游戏 UI

3. 吸引注意

由于人类习惯使用边缘视觉探寻周围的危险，且人类的边缘视觉对不停变换的物体具有很高的灵敏度，因此使用晃动和闪烁等动画效果可以轻易获取游戏玩家的注意力。晃动、闪烁提示只在显示重要信息时使用，如果数量过多或使用过于频繁，"特殊化"的操作也会变为"习惯化"现象，从而被玩家忽略，如图 1-29 所示。

在《梦幻西游》中，使用光标围绕图标运动，提醒玩家有新的内容。

图 1-29 《梦幻西游》的游戏 UI

小技巧：使用闪烁动画效果的注意事项

使用晃动、闪烁等动画效果吸引玩家注意时，运动或闪烁的图标本身必须精致而小巧，时间以 0.2～0.5s 为最佳；否则，闪烁动画效果会从无意识的提醒变成有意识的打扰。此外，图标外的光效打扰程度略低，读者可以更加灵活地使用。

4. 合理运用两大元素

大脑中被称为"旧脑"的部分通常会观察周围的环境，并且它的思维方式里只关心两个问题：可以吃吗？它会杀死我吗？这是人类进化历程中所携带的本能，因此合理运用"食物"和"危险"等元素能自然地吸引玩家的注意，如图 1-30 所示。

《我叫 MT 2》中的故事前情提要里，使用红色的盾牌图标提示此游戏玩家即将面临危险，同时将危险图标置于游戏玩家的上方，让玩家更加清晰地感知危险的降临，并作出相应的防御。

图 1-30 《我叫 MT 2》中的危险提示

▶ **1.5.2 避免提示信息干扰**

接下来为读者提供5个避免提示信息干扰的方式。

1. 提示符合游戏

提示若为游戏世界外的
UI,会对玩家沉浸在游戏世界
中造成不同程度的打断。若提
示信息能合理地以游戏世界中
的事物呈现,玩家就可以主动
识别,进而形成心智模型,如
图1-31所示。

《梦想小镇》通过游戏场
景中的公告板发布"活
动公告","活动公告"
的数量和日期在公告板
上及时提示,这样的提
示显示自然,玩家代入
感也强,而且不会对玩
家产生干扰。

图1-31 信息提示以游戏世界中的事物出现

☆ **提示**

此类提示信息要符合玩家在真实世界中的经验和由经验形成的认知模型,这样游戏玩家才能易于
发现和理解,例如路标的指路作用、公告板上公告的告知作用、boss来了人群会恐慌逃窜等。

2. 减少游戏中断感

游戏过程中进行操作提
示,会使玩家在继续游戏进程
与理解提示信息中切换,这样
的操作容易让玩家产生中断
感。在玩家注意力高度集中并
且需要快速反应的游戏类型
中,中断感对游戏体验的影响
更大,这类游戏中应该尽量减
少中断干扰,如图1-32所示。

在《天天飞车》中操作提
示出现的同时,游戏场景
中的角色动作停止,通过
背景环境的运动来表达游
戏世界的持续运行。按提
示操作后,角色立即产生对
应的反馈,游戏世界又恢
复如常,如此设计不但没
有游戏进程中断的感觉,
还给玩家很强的控制感。

图1-32 减少游戏中断感

小技巧: 游戏中操作提示出现角色的情况

操作提示出现时,角色动作先变缓而非停止,若玩家对提示反应及时,角色的动作仍较连贯,
这样的设计对游戏体验的打断较小。利用环境元素的持续运动暗示游戏世界的正常运行,即使
角色动作停止,玩家也不会产生游戏进程的中断之感。

3. 减少提示数量

人的注意力和精力是有限的,多个提示信息同时出现在正在进行的游戏界面中,彼此抢
夺玩家的注意力,这会使得提示信息对玩家产生干扰。而且当数量较多的提示信息与玩家任
务无关的刺激重复出现,提示信息就会被习惯化忽略,从而失去提示作用。

　　这种情况下，解决办法就是设计师在图稿设计阶段就尽量减少同一屏出现的提示信息数量，如图 1-33 所示。

在《我的小家》游戏首页中，将 4 个图标收纳进二级菜单，使游戏界面的一级提示信息数量变少，最终效果就是使游戏界面变得简洁。

图 1-33　减少同一屏的提示信息数量

☆ 提示

从布局考虑，通过收纳图标到二级菜单来减少同一屏出现的红点提示信息数量，这样玩家点进二级菜单才会看到更多的图标和提示信息，从容避免红点数过多导致玩家习惯性忽略。

4. 触发式的提示

　　在相同的游戏进程中，不同玩家可能会有截然不同的需求和行为，依据这些需求和行为，提供有针对性的触发式提示，是为玩家提供极致体验的一种设计思路。

　　提供触发式提示，需要设计师对玩家的目标和行为习惯有较深的理解，预测行为并设置触发条件，如图 1-34 所示。

《梦幻西游》游戏的新手地图中，包含了新手专用的"临时伤害""装备""野猪""绿罗羹"和"银币"等元素，只有新手玩家点击该元素，系统才会帮助玩家进行拾取。对于想要收集元素的玩家来说，界面出现任何按钮都不会影响游戏体验。这些新手专用的游戏元素在游戏界面中随处可见，是专门为新手玩家特意准备的，且在游戏玩家等级达到 10 级以后，新手专用元素就不再出现。

图 1-34　根据游戏场景提供触发式提示

5.减弱干扰

面积、颜色和动画效果是影响提示信息可发现性的三大属性，在满足玩家易发现的前提下减弱其中一至两个属性，能减轻提示信息对玩家的注意力干扰，如图 1-35 所示。

在《海岛奇兵》游戏 UI 中，屏幕左侧的导航图标使用了白色和灰色而非彩色，在视觉上弱化图标。即使图标多，也不会对玩家造成干扰。

图 1-35　通过三大属性减弱干扰

☆ 提示

设计师在设计游戏界面时，首先需要明确强调的提示信息，再确定需要弱化的提示信息，最终选择合理的弱化提示信息方式。

动画效果是一种强烈的注意力获取方法，如果有必须要玩家集中注意的内容，不能在其周边放置“动”的元素，否则玩家注意力将会一直在动画效果元素上，从而忽略提示信息。具体的情况读者可以参考游戏《节奏大师》的错误使用案例，如图 1-36 所示。

《节奏大师》技能释放时，屏幕左侧会出现黄色圆圈，并且黄色圆圈会不停闪烁提醒玩家，但是这样容易使玩家分心，最终导致玩家操作失误。

图 1-36　动画效果的错误使用案例

▶ 1.5.3　使提示信息易于理解

接下来为读者提供几个使提示信息易于理解的方式。

1.呈现少量信息

因为大脑一次只能有意识地处理少量信息，因此人类的脑力活动更擅长处理小块信息。刚刚接触游戏 UI 的设计师，常犯的错误就是一次给玩家提供太多信息。运用“渐进呈现”的设计理念，设计师每次在一个界面中只为玩家展现当前需要的信息，才能避免信息过量给玩家带来的不适感，如图 1-37 所示。

《糖果传奇》的教程对话框中每次只显示一条游戏规则信息，这样玩家学习起来也毫无压力。

图 1-37　一屏只展示一条提示信息

让玩家思考的认知负荷耗费最多的是脑力资源，如果让玩家在点击和动脑之间做取舍，多次点击更让玩家容易接受，适当的点击次数还会让玩家体验到游戏的简洁明快。

呈现在玩家面前的提示信息应该是玩家需要的或对玩家有帮助的，否则会引起玩家对游戏的失望，如图 1-38 所示。

2. 提示结合演示

人类通过观察他人的行为及其结果，可以学会较为复杂的行为。这就意味着游戏玩家对示范行为的简单模仿，可以获得游戏中的行为规则或原理。

在游戏 UI 中，对于特殊或重要的操作，设计师可以设计系统先演示一遍给玩家看，让玩家通过观察学习，促进理解并加深记忆，最终通过实战演练获得相应的操作能力，如图 1-39 所示。

图 1-38　错误案例展示

《智龙迷城》的一屏界面中有时会出现 3 条之多的概念 / 规则，非常容易让玩家忽略其中某条规则。并且游戏界面的排版布局非常紧凑，虽然可以给玩家一次性传递很多信息，但是也容易让玩家感到疲惫。

图 1-39　特殊操作提示结合演示与实践

《梦幻西游》的新手引导会在相应的位置上进行文字说明，再引导玩家根据文字提示进行动作的演示，帮助玩家尽快熟悉游戏实战。

☆ **提示**

游戏中动作示范与文字说明相结合，可以使提示信息的效果发挥到极致。这样实现了对行为和规则两方面的理解，玩家对操作示范的再现更准确。演示后的实战十分必要，玩家需要根据反馈调整行为作出正确的反应，最终理解掌握。

3. 视觉分层

因为大部分玩家不会仔细阅读提示信息，而是很快地阅读大致意思，所以提示信息设计为文字应该更容易让玩家理解。通过文字信息的视觉层次来突出关键，并保持关键信息的简洁，如图 1-40 所示。

《奇迹暖暖》每一个关卡开始之前，都有大段的文案叙述故事情节，虽然由于文案过于生活化导致对话较多，但是文案中重要的提示信息会进行变色处理，已达到突出重点的效果。

图 1-40　将文字提示信息分层

将信息分段，把整段信息分割为多个小段文字，使用不同大小、颜色和字号等形式标记关键信息，使关键信息的文字突出显示，同时阅读起来也简洁易懂。

4. 理解和记忆操作

人们能够快速识别图像，而且对图像的识别也触发了对相关信息的回忆。图像优势效应理论认为图像总是比文字更容易被人理解和记住，尤其表达的是常见又具体的事物而非更加抽象的概念时，如图1-41所示。

涉及具体事物的说明更适合使用图像表达。需要玩家快速识别的更适合使用图像提示，例如单局内操作按钮或者各种功能入口。图像的隐喻需要符合玩家的认知，使用"图像+文字"可以避免对图像的理解歧义，如图1-42所示。

《全民农场》中的新手引导，通过图文并茂而非单纯的文字来说明，对于部分玩家来说，更加简洁和直观。

图1-41 使用图像加深玩家的记忆

《FIFA足球世界》中的新手引导，先是文字解说，然后再让玩家通过简单的文字解说自己进行实战演练，其实这不利于玩家识别与记忆。有时玩家理解不到位，就会浪费很多时间。

图1-42 错误实例的展示

▶ 1.5.4 使提示信息指向明确

这里为读者提供"操作路径的提示应完整连续"和"操作提示应靠近和指向操作对象"的反馈信息方式，使游戏界面中的提示信息指向明确。

1. 操作路径的提示应完整和连续

当提示信息针对一个多步骤的操作路径展示时，应该保持提示信息的完整和连续。每一步操作路径都给予提示，这时的提示信息就如路标，需得确保玩家能跟着提示信息一步步走向目标操作，如图1-43所示。

《炉石传说》的新手引导PK界面，从游戏开始到游戏结束，需要玩家打出的卡牌，其周围会发出一圈荧光绿的特效，告知玩家该出此牌，其余卡牌则是普通样式。

图1-43 确保提示信息的连续和完整

2. 操作提示应靠近和指向操作对象

根据格式塔原理，人们会认为相互靠近（相对于其他物体）的物体属于一组，相反，如果相关的物体之间距离太远，人们就很难感知到它们是相关的。操作提示如果远离操作对象，提示的作用减弱甚至会产生误导，如图1-44所示。

《奇迹暖暖》中的"签到""衣柜""任务""成就"和"活动"等区域，它们的感叹号提示气泡指向玩家需要点击的区域，这样会使玩家的操作符合预期，使玩家得到更多的切合感。

图 1-44　提示信息靠近操作对象

☆ 小技巧：格式塔邻近性原则

格式塔邻近性原则认为：单个元素之间的相对距离会影响人感知它的区域划分。意思就是，相对距离较短的元素看起来属于一组，而距离较远的元素则自动划分到组外，即相对距离近的元素关系更加紧密。图 1-45（a）中的圆点之间的垂直距离比水平距离远，那么，我们在图 1-45（a）中看到了 4 排圆点，而在图 1-45(b) 中则看到了 4 列圆点。

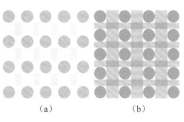

（a）　　　　　　　（b）

图 1-45　格式塔邻近性原则示例

操作提示信息应该靠近操作提示的对象，从视觉上形成一个整体。规则说明的提示信息可以放在固定位置，但操作提示信息并不适合这种形式，如图 1-46 所示。

因为《奇迹暖暖》中的"迷之屋"区域的感叹号提示气泡指向文字名称，这样导致玩家看到提示气泡后，会按照惯例点击提示气泡指向的文字，但实际上玩家应该点击文字名称左上圆盘才能进入区域，因此提示信息容易误导玩家。

图 1-46　错误案例展示

▶ 1.5.5　利用提示信息促进追求

接下来为读者提供两个利用提示信息促进追求的方式。

1. 完成目标

大家喜欢自己有所进步的感觉，进步能给人带来强大的动力，即使很小的进步也能产生很大的效果，激励人们去完成下一步任务。帮助玩家设立目标并追踪目标进度，可以强化玩家不断达成子目标的行为，如图 1-47 所示。

《梦幻西游》中的人物技能界面，使用箭头和彩色图标显示普通技能的开始顺序和进度，并且通过连接线强调最终的"绝技"，促进玩家对技能的追求。

图 1-47　设立目标并完成

☆ 提示

不仅近期目标要具体清晰，使玩家有明确的追求，总体目标也需要描绘出轮廓，给予玩家希望和目标；从视觉上给玩家向目标不断推进和进步的感觉，强调子目标在空间上的前后次序，使玩家更加容易进入游戏角色。

2. 显著标识

根据目标设置理论，一个吸引人且可达成的目标本身就具有激励作用，奖励可以提高目标的吸引力，增强玩家实现目标的恒心和努力程度。

设计师需要明确，对玩家更加具有吸引力的奖励是什么？使用视觉化的提示，即显著标识达成目标，可以获得奖励，如图1-48所示。

《海岛奇兵》游戏中，战役胜利后会用黑色半透明气泡框向游戏玩家展示通关所得的材料和伤亡情况，这样的通知视觉冲击力强，将奖励与损伤情况放置在一起，有助于激励玩家下次战役得到更好的成绩。

图 1-48　特殊奖励通过显著标识展示

1.6 反馈信息的设计原则

游戏 UI 的设计原则除了提示信息外，还有一个比较重要的设计原则就是反馈。反馈是玩家在游戏中发起操作并在操作结束后得到效果反馈，简单来说就是玩家通过对游戏的控制，促进玩家深层次地理解游戏。图 1-49 所示为反馈原则的结构示意。

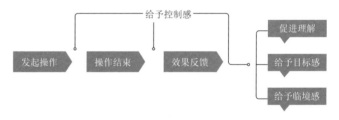

图 1-49　反馈原则的结构示意

▶ 1.6.1　通过反馈信息给予控制感

接下来为读者提供 3 个通过反馈信息给予控制感的方法。

1. 即时反馈

根据心理学研究，0.14s 是人们感知因果的最长时限，如果游戏操作延迟超过 0.14s 才对玩家的操作作出反应，玩家就会觉得此反应不符合他的操作，从而产生"无法控制"之感。图 1-50 所示为游戏中对玩家操作作出即时反应的画面。

《梦幻西游》游戏中,系统对于玩家即时出现的升级加成和得到的物品进行效果反馈。这对玩家有非常强的激励作用,不断提升人物属性,使玩家对游戏产生强烈的控制欲。

图1-50 对发生的操作产生即时反馈

2. 实时响应

心理学研究表明,无所事事会令人感到烦躁和不悦。玩家在长时间的等待中,系统也要给予玩家响应,使玩家理解系统正在运作。以前的方式是设计一些进度条和沙漏等元素,如今许多游戏已有了更多的有趣做法,如图1-51所示。

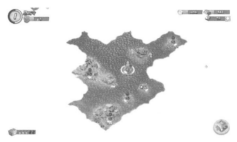

《海岛奇兵》游戏中,玩家在大地图进入岛屿的加载过程中,画面并不是完全停止的,玩家仍可对大地图画面进行移动和缩放。

图1-51 游戏中的实时响应

游戏操作需要长时间等待时,要让玩家理解系统正在运作,即显示加载进度,告知玩家还需等待时间。在等待过程中,系统可以为玩家提供有意义或者有趣的画面,总之不要让玩家感到"无事可做",以免让玩家产生厌烦情绪,如图1-52所示。

《闪耀暖暖》中的设计师情报屋,玩家在收集情报的时候,需要等待1～3min,在等待的时间里,玩家也可以在游戏界面中进行各项活动,游戏中的发现时间环节与其他环节不冲突。这样的游戏环节设计,可以大概率地减少玩家等待时的焦躁感。

图1-52 长时间等待时系统需给予反应

3. 提供辅助反馈

根据认知负荷理论,人的注意力和记忆资源是有限的,若玩家同时进行不同的活动,资源就要在活动之间进行分配。

在 App 游戏中，由于屏幕较小，角色形象较小，靠不明显的角色姿势动作反馈来调整玩家操作，会耗费玩家较多的注意力，从而影响对战局动态的注意。

在角色动作发起时给予明显的辅助反馈，能提高控制感，使玩家更加专注在战局上。对高精准度的动作调节，系统可以给予角度或力度上的辅助反馈，如图 1-53 所示。

《FIFA 足球世界》游戏中，通过方向轴来确认球员的带球方向，无须通过球员的不明显动作及时间的估算来确认方向和长度。

图 1-53　动作调节的辅助反馈

▶ 1.6.2　利用反馈信息促进理解

使用动画说明较复杂的行为结果关系，游戏场景中的很多反馈集中在玩家视觉中央的位置或玩家熟悉的固定位置，这样玩家很容易发现和理解自己的行为与结果之间的关系。

但是对于一些陌生概念或受其他反馈影响干扰的反馈，玩家则难以理解自己行为与结果之间的关系，此时使用简单的动画说明归属等关系可以帮助玩家理解。使用动画说明资源的来源、去向等问题是很好的选择，如图 1-54 所示。

《梦幻西游》游戏中，玩家点击使用道具（装备、银币、加血等），屏幕中间弹出装备信息或者血量，随即信息化作蓝光或者绿光飘向右上角的玩家头像，且相应的元素数值发生改变。

图 1-54　使用动画说明

▶ 1.6.3　通过反馈信息给予目标感

通过"对精准度高的操作给予即时的评价反馈"和"对不同等级的结果成绩给予差异明显的视觉奖励"的反馈信息方式，最终给予玩家目标感。

1. 给予反馈

玩家实施动作后给予即时的评价反馈，有助于玩家检查自己的操作并加以改进，同时让玩家有追求高评价的动机，如图 1-55 所示。

《QQ 炫舞》游戏中，按键的成绩判定通过颜色以及音效加以区分。

图 1-55　给予高精准度操作即时反馈

☆ 提示

如果提升操作的精准度是游戏的主要挑战，游戏应该在玩家每一次操作后都给予即时的评价反馈，方便玩家自我评价进而树立更高的目标。评价的不同等级应有明显的视觉差异，可以帮助玩家正确、快速地识别和判断等级。

2. 视觉奖励

游戏玩家查看成就感最直观的渠道就是达成目标后的结果反馈，此时游戏界面中的视觉冲击，可以给玩家带来最直接的情绪激励。

如果一个目标由多个子目标组成，通过不同等级的成绩评价玩家应对挑战的能力，那么对应不同等级的评价，应该设计区别明显的视觉奖励，给予玩家层次分明的奖励内容，如图1-56 所示。

《闪耀暖暖》游戏中，游戏通关后评分分为 5 个等级，分别为完美、优秀、不错、一般和失败，5 个不同等级有不同的展示效果，分数下面的人物也会出现相应的表情。

图 1-56 不同等级的评价给予区别明显的奖励

☆ 提示

游戏需要设置奖励机制，在玩家获得最高等级时给予完美的视觉奖励，第二等级的视觉效果稍减，第三等级的效果锐减。

使用区别明显的奖励让玩家形成显著的心理落差，激励玩家为获得最高等级而奋斗。除了使用华丽的图标、掉落高级装备和欢欣鼓舞的声音特效等形式，还可以通过强化角色动作、表情和环境氛围等方式提升视觉奖励。图1-57 所示为失败的奖励机制展示。

《奇迹暖暖》的游戏通关界面中，虽然游戏的通关奖励设置了 5 个等级，但是区分等级的图标放置在画面边缘，而且华美的游戏服饰会将玩家大部分的注意力夺走，再加上游戏人物单一化的动作，导致通关界面不能很好地引起玩家的胜负欲。

图 1-57 失败的奖励机制展示

▶ 1.6.4 通过反馈信息给予临境感

通过反馈信息给予玩家，这里为读者提供"角色与环境物体互动丰富并进行合理反馈"和"游戏场景声音反馈丰富多样并模拟真实"的反馈信息方式。

1. 合理反馈

玩家把游戏场景当作"真实世界"来感知时，玩家会感觉自己在空间意义上置身于游戏场景中。这时的游戏会让玩家产生一种空间临境感，这种临境感会使玩家的注意力集中在游戏世界中。

如果玩家感觉游戏世界的各个部分是合理的、紧密联系在一起的，空间临境感会更加强烈。玩家与NPC对话、与怪物战斗和环境物体互动等操作，都能增强"我们在同一个世界"的感受，如图1-58所示。

《梦幻西游》游戏里，游戏玩家在不同地形上点击，出现的效果会不同。例如在"东海龙宫"和水面上点击，会出现水花；而在雪山上点击则会出现雪花。这是为了增强游戏世界的真实感和一致感，为玩家的临境感添砖加瓦。

图1-58　游戏中的反馈

☆ 提示

设计师可以通过丰富可互动的环境物体，加深玩家的临境感。设计师也可以在玩家与环境物互动时提供与当前环境贴合的真实反馈等方式，从而加深玩家的临境感。

2. 声音丰富且真实

在游戏场景中，感觉信息的渠道主要有两种，包括视觉和听觉。视觉和听觉的信息联系紧密，玩家临境感就会更强。例如，看见一只鸟飞过头顶，如果能听到它的叫声就会更真实。游戏场景中的声音反馈丰富且真实的话，会带来更强的临境感，如图1-59所示。

当玩家与游戏世界中

《全民农场》游戏中，玩家点击鸡笼元素时，系统会给出"咯咯哒咯咯哒"的特效声音。玩家点击面板房等工具时，系统也会给出面包机运作的特效声音。游戏中的特殊音效，都是为了让游戏更贴近真实世界。

图1-59　模拟真实世界中的声音

的元素发生交互时，模拟真实世界中对应的各种声音效果可以增强临境感，例如脚步声、玻璃破碎和汽车鸣笛等声音，如图 1-60 所示。设置游戏世界外的界面操作音效保持简洁，且在不同位置的相同操作音效反馈保持一致。

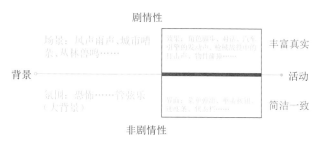

图 1-60　设置游戏界面的声音

1.7　游戏 UI 设计的 3 种形式

通过游戏界面的合理设计传递给用户一种情感，是界面设计的艺术核心思想所在。玩家在与游戏进行交互时，使玩家在情感上产生共鸣，利用情感进行表达，能够真正地反映玩家与游戏之间的情感关系。游戏界面设计按照形式主要可以分为 3 类，一是以功能实现为基础的界面设计，二是以情感表达为重点的界面设计，三是以环境因素为前提的界面设计。

▶ 1.7.1　游戏 UI 以功能性为主

游戏界面设计具有界面设计最为基本的性能，即功能性与使用性。通过游戏界面的合理设计，充分体现游戏的功能性，将产品信息传递给游戏玩家，因为游戏玩家是功能性界面存在的意义所在，但由于游戏玩家的文化层次具有差异性，因此界面在设计上更应该以客观地体现作品信息为前提。图 1-61 所示为以功能性和使用性为核心的游戏界面设计。

图 1-61　以功能性和使用性为核心的游戏界面设计

▶ 1.7.2　游戏 UI 以情感表达为核心

通过对游戏界面的合理设计，使游戏玩家与游戏之间产生一种情感互动，是界面设计的核心精神所在。游戏玩家在操作游戏时，通过游戏界面进行交互，利用情感表达，将游戏玩家与游戏之间的虚拟关系变得真实。情感在传递的过程中是确定性与不确定性的结合体，所以游戏玩家在玩游戏时的情感体验是设计师们进行设计时更为强调的内容。图 1-62 所示为以情感表达为核心的游戏界面设计。

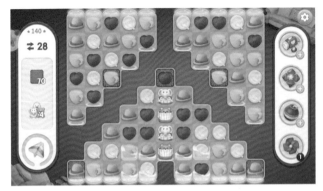

图 1-62　以情感表达为核心的游戏界面设计

▶ 1.7.3　游戏 UI 以营造环境为前提

作品的设计离不开环境，环境氛围的营造本身就是一种情感信息的表达，对游戏想传递给玩家的信息有着特殊的意义。例如游戏的历史背景、科技元素、文化底蕴等方面都属于环境信息，所以想更好地表达游戏带给玩家的体验感营造界面的环境是必需的。图 1-63 所示为以营造环境为前提的游戏界面设计。

图 1-63　以营造环境为前提的游戏界面设计

1.8　举一反三——分析游戏《我的小家》的 UI 设计

通过学习本章的相关知识点，读者应该对游戏 UI 设计有了一个初步的认识。下面利用所学知识和经验，来具体分析《我的小家》游戏中引导界面的设计理念是否符合提示信息的设计原则。

读者可以从游戏界面中提示信息的数量、所处位置、指向性和展示效果等各个方面，进行分析验证，如图 1-64 所示。

图 1-64　图像效果

1.9　本章小结

　　本章向读者详细介绍了游戏 UI 设计的基础知识，使读者对游戏 UI 设计有更深入的了解。通常本章的学习，读者需要掌握游戏 UI 设计的原则和表现方法，并能够在实际的游戏 UI 设计中合理应用。

第 2 章

游戏 UI 的构成元素

本章主要内容

　　游戏 UI 是游戏为用户设计并用于提供游戏
信息控制与反馈的层面，游戏 UI 通常包括游戏
中的场景、按钮、图标、菜单、面板和标签等元
素。游戏 UI 中明晰直观的视觉体验和信息反馈
共同构成了理想的游戏运行，在本章中将向读者
介绍游戏 UI 设计中的各种构成元素的设计方法
和技巧。

2.1　游戏 UI 设计中的视觉元素

游戏 UI 设计是指对游戏的人机交互、操作逻辑、界面美观的整体设计。一些比较出色的游戏 UI 设计不仅让游戏独具特色，还可以让游戏操作变得简单、易学，大大地增加了游戏的上手度。

由于大部分游戏本身都是通过图形与用户进行人机交互，所以一个漂亮的游戏 UI 的风格、合理的界面操作流程都可以给用户留下非常好的第一印象。这些因素对于游戏产品争取、引导用户有着决定性的作用。

▶ 2.1.1　色彩元素

人们对于视觉传达的第一印象往往是通过色彩得到的，色彩与公众的生理和心理反应密切相关。因此，从某种意义上说，色彩是游戏 UI 设计中最重要的元素。不同的色彩会给人带来不同的心理暗示，影响玩家对游戏的注意力。

在游戏 UI 设计中，色彩的搭配是灵活多变的，主要由游戏的主题决定。色彩有着更丰富的表现力，它带给玩家对游戏的第一感觉，引导玩家体会色彩的用意，色彩成为游戏界面中传递信息、表达情感的重要角色。在游戏界面中色彩依附于图形，增强了图形的表达能力。图 2-1 所示为游戏 UI 中的色彩元素。

图 2-1　游戏 UI 中的色彩元素

▶ 2.1.2　图形元素

图形是游戏 UI 设计中重要的视觉传达要素，它直观、形象、生活感强、富有美感。图形元素在游戏 UI 设计中的主要功能是充分表述游戏主题、渲染游戏氛围、吸引玩家的注意。在日常生活中，人们对图片的感受非常敏感，可以直观地传达信息，有强烈的视觉吸引力。

☆ 小技巧：图形的表达特征

图形作为一种视觉形态，本身就具有语言信息的表达特征。例如，三角形是锐角形态，具有好斗、顽强的感觉；六角形既不是圆形，也不是方形，给人平稳和灵活的感觉；圆形线条圆滑，给人平静的感觉；而正方形具有四平八稳的形态，表现出庄重、静止的特征。

在游戏 UI 设计中合理地运用图形，即可以完美地诠释游戏，又可以给玩家一种视觉享受。图 2-2 所示为游戏 UI 中的图形元素。

图 2-2　游戏 UI 中的图形元素

▶ 2.1.3　文字元素

文字是信息传递的基本符号，在游戏 UI 设计中占有非常重要的地位。文字被广泛地应用在游戏 Logo、标题、广告语、信息提示、正文中，在强化玩家对游戏的视觉印象和引导玩家顺利地进行游戏操作方面能起到事半功倍的作用。

☆ 提示

在游戏 UI 设计中一定要合理、适当地应用文字元素，例如游戏 Logo 和标题文字可以运用图形化的设计风格，使文字效果与整个游戏风格相统一，成为游戏界面中能够引人注目的焦点。

类似于帮助或提示信息类的文字，可以采用图形与文字相结合的表现方式。运用清晰的字体表现内容，从而使玩家能够清晰、准确地理解。图 2-3 所示为游戏 UI 中的文字元素。

图 2-3　游戏 UI 中的文字元素

微视频

☆练一练——设计制作消除类游戏的头像和文字元素☆

源文件：第 2 章 \2-1-3.psd　　　视频：第 2 章 \2-1-3.mp4

• 案例分析

本案例设计制作消除类游戏的头像和文字元素，首先使用一张从蓝色到青色的素材图像作为游戏界面的背景，然后使用白色的形状和蓝色的图像完成游戏中玩家头像的制作，最后使用白色和蓝色的卡通型文字完成游戏界面中的文字元素制作。

由于消除类游戏属于休闲类的游戏，所以选用蓝色作为游戏界面的主色，蓝色可以带给玩家一种深邃、美丽和广阔的感觉。游戏界面中的文字元素使用了"腾祥泡泡体简"字体，这种字体的展示效果具有非常强的卡通感，这会带给玩家一种轻松、愉悦的氛围，同时使用此种字体也符合消除类游戏的设计风格，如图 2-4 所示。

图 2-4　案例展示效果

• 制作步骤

Step01 打开 Photoshop CC 软件，单击欢迎面板中的"新建"按钮，在弹出的"新建文档"对话框中设置如图 2-5 所示的各项参数。设置完成后，单击"创建"按钮。

Step02 执行"文件→打开"命令，打开"第 2 章 \21301.png"文件，单击工具箱中的"移动工具"按钮，将打开的图像拖曳到设计文档中，如图 2-6 所示。

图 2-5　新建文件　　　　　　　　　　图 2-6　打开图像

Step03 单击工具箱中的"椭圆工具"按钮，在画布中单击拖曳创建一个白色的圆形形状，形状效果如图 2-7 所示。单击工具箱中的"直接选择工具"按钮，选择椭圆形状的某个锚点，使用方向键调整锚点的位置和方向线，如图 2-8 所示。

Step04 执行"文件→打开"命令，打开"第 2 章 \21302.png"文件，使用"移动工具"将打开的图像拖曳到设计文档中，图像效果如图 2-9 所示。

图 2-7　创建椭圆　　　　图 2-8　调整锚点　　　　图 2-9　添加图像

Step05 打开"图层"面板，单击面板底部的"创建新图层"按钮，单击工具箱中的"椭圆选框工具"按钮，设置选项栏中的"羽化"值为 10px，在画布中单击拖曳创建一个圆形的选区，如图 2-10 所示。

Step 06 设置"前景色"为黑色，单击工具箱中的"油漆桶工具"按钮，在画布中单击为选区填充前景色，使用组合键 Ctrl+D 取消选区，如图 2-11 所示。

Step 07 打开"图层"面板，修改图层的"不透明度"为 18%，并调整图层顺序。选择除了"背景"图层外的所有图层，将其编组重命名为"头像"，如图 2-12 所示。

  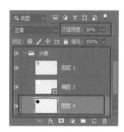

图 2-10　创建选区　　　　图 2-11　填充颜色　　　　图 2-12　创建图层组

Step 08 "头像"图层组的图像效果如图 2-13 所示。单击工具箱中的"横排文字工具"按钮，在画布中单击输入横排文字，如图 2-14 所示。

图 2-13　图像效果　　　　　　　　图 2-14　添加文字

Step 09 打开"字符"面板，字符面板的参数如图 2-15 所示。在打开的"图层"面板中双击文字图层，打开"图层样式"对话框并选择"描边"选项，设置如图 2-16 所示的各项参数。

Step 10 在打开的"图层样式"对话框中选择"外发光"选项，设置如图 2-17 所示的各项参数。完成后，单击"确定"按钮，文字元素的图像效果如图 2-18 所示。

 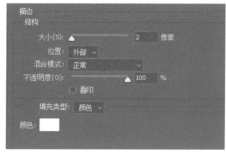 

图 2-15　字符参数　　　　图 2-16　"描边"图层样式参数　　　　图 2-17　"外发光"图层样式参数

Step 11 使用 Step08 ～ Step10 的方法，完成界面中其余文字元素的制作，如图 2-19 所示。执行"文件→存储"命令，在弹出的"另存为"对话框中设置文件名为"2-1-3"，将其存储为 psd 文件。

图 2-18　图像样式

图 2-19　制作相似文字元素

2.2　游戏 UI 中的图形元素设计

在游戏界面中，图形元素主要是由发挥装饰性功能的图案、图像以及发挥信息传达功能的图标组成。图形是游戏界面中最直观、占据空间最多的设计元素，图形元素的使用是否得当直接关系游戏界面的成败。

▶ 2.2.1　图形元素的功能

图形元素是以"看"而非"读"为主的元素形式，因此，图形元素的视觉装饰性功能是其主要的功能。比起文字的功能，图形存在更宽泛的信息传递意义。

一般情况下，游戏 UI 界面中的图形风格是游戏主题内容的延伸，并在表现风格、色调上尽可能与游戏世界构成关联性，这样做主要是为了不破坏游戏世界给玩家的整体感觉，不会让玩家因为界面风格的突然改变而产生歧义，同时增强游戏世界渲染的氛围，如图 2-20 所示。

图 2-20　图形元素的装饰功能

▶ 2.2.2　图形元素的作用

游戏 UI 中恰当的图形应用可以激发玩家的游戏体验，并能够增强游戏信息的传递效果，甚至可以让玩家在身临其境的感受中顺利完成游戏任务。

具体表现在射击类和竞速类游戏中，它们的抬头显示界面和仪表盘界面中以第一人称为主。为了给玩家置身其中的感受，这两类游戏 UI 在图形设计上通常会模拟真实世界中的机械仪表盘，在游戏世界中再现虚拟现实功能。图2-21 所示为图形元素在游戏界面中的应用。

▶ 2.2.3 游戏 UI 中的图标

图 2-21　图形元素在游戏界面中的应用

图标在游戏界面中应用非常频繁，也是游戏界面中图形的一种重要表现形式。

很多游戏公司发布一款新的游戏通常面向全球范围，不得不考虑游戏在不同国家需要使用不同的语言版本，并且由于各国语言文字书写的巨大差异，同样意思对于不同语言文字来说占用的空间也是不同的。

☆ 小技巧：游戏 UI 中的文字与图标

设计师在设计文字界面时要预留足够的空间，这给设计师带来不少难度。这时如果能将文字转换为图标，就会为游戏 UI 的设计省去不少麻烦。特别是在策略类游戏中，功能非常繁多，如果全部以文字进行说明，则会导致玩家由于看到满屏幕的文字而无法进行游戏，若将对应的功能配以相应的图标，情况就会好很多。

例如《梦幻西游》中的商会图标、帮派图标和各种物资的图标等，因为日常事物的结构形态在全球范围内几乎相同，不论语言多么无法沟通，图形总能让人快速理解所要表达的意思。图 2-22 所示为游戏界面中的图标设计。

游戏 UI 中的图标也降低了玩家的记忆负担，玩家不需要记住每个功能的名称，只需要看到图标就可以明白该功能的作用。这就要求同一游戏界面或场景中的图标风格保持一致，图标的设计要简洁清晰，尽量减少图形的细节设计，太多的细节会导致玩家读图困难，也会让各个图标的释义产生混淆。也许玩家在刚开始接触一款游戏时需要了解部分图标的含义，但总好过学习一门新的语言。图 2-23 所示为精美的游戏图标设计。

图 2-22　游戏界面中的图标设计

图 2-23　精美的游戏图标设计

☆练一练——设计制作消除类游戏的图标组☆

源文件：第 2 章 \2-2-3.psd　　　　视频：第 2 章 \2-2-3.mp4

• 案例分析

本案例设计制作一款消除类游戏的图标
组，读者首先需要使用 "椭圆工具""矩形工
具"和"圆角矩形工具"完成图标的外观设
计，然后使用"画笔工具"完成图标的阴影和
高光等装饰。设置、信息、音效和静音图标分
别使用了 4 种不同的颜色和统一的设计风格，
使玩家可以在游戏界面中更好地区分代表不同
功能的图标，如图 2-24 所示。

图 2-24　案例展示效果

• 制作步骤

Step 01 打开 Photoshop CC 软件，单击欢迎面板中的"新建"按钮，在弹出的"新建文
档"对话框中设置如图 2-25 所示的各项参数。设置完成后，单击"创建"按钮。

Step 02 执行"文件→打开"命令，打开"第 2 章 \21301.png"文件，使用"移动工具"
将其拖曳到设计文档中，如图 2-26 所示。

图 2-25　新建文档　　　　　　　　　图 2-26　添加图像

Step03 单击工具箱中的"矩形工具"按钮，在画布中单击拖曳创建一个矩形形状，形状效果如图 2-27 所示。单击工具箱中的"转换点工具"按钮，选择矩形工具左上方的锚点对其拖曳，如图 2-28 所示。

图 2-27　创建矩形形状　　　　　　　　图 2-28　转换锚点属性

☆ 提示

读者使用"转换点工具"和"直接选择工具"调整形状的锚点属性，第一次进行操作时，Photoshop CC 系统会弹出提示框，让读者确认操作，然后实时形状将变为常规路径。

Step04 继续使用"转换点工具"调整矩形形状中其余 3 个锚点的属性转换，形状效果如图 2-29 所示。使用 Step03 和 Step04 的方法，完成相似形状的创建，形状效果如图 2-30 所示。

Step05 单击工具箱中的"钢笔工具"按钮，在画布中连续单击拖曳创建不规则形状，形状效果如图 2-31 所示。打开"图层"面板，双击形状图层打开"图层样式"对话框并选择"投影"选项，设置如图 2-32 所示的各项参数。

图 2-29　转换其余锚点的属性　　　图 2-30　创建相似形状　　　图 2-31　创建不规则形状

Step06 完成后，单击"确定"按钮，形状效果如图 2-33 所示。单击工具箱中的"椭圆工具"按钮，在画布中单击拖曳创建一个圆形形状，如图 2-34 所示。

图 2-32　"投影"图层样式参数　　图 2-33　图像效果　　　图 2-34　创建圆形形状

Step 07 打开"字符"面板，设置如图 2-35 所示的各项字符参数。使用"横排文字工具"在画布中输入横排文字，如图 2-36 所示。

Step 08 打开"图层"面板，选中除了"背景"和"图层 1"图层以外的所有图层，将其编组并重命名为"信息"，如图 2-37

图 2-35　字符参数

图 2-36　输入文字

所示。使用"椭圆工具"和"自定义形状工具"完成"返回"图标和"帮助"图标的绘制，如图 2-38 所示。

图 2-37　创建图层组

图 2-38　完成图标制作

Step 09 单击工具箱中的"椭圆工具"按钮，在画布中单击拖曳创建一个椭圆形状，形状效果如图 2-39 所示。使用"直接选择工具"调整椭圆形状的锚点，如图 2-40 所示。使用相同的方法完成相似椭圆形状的创建，如图 2-41 所示。

图 2-39　创建椭圆形状

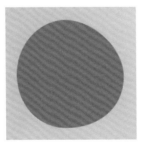

图 2-40　调整椭圆形状的锚点

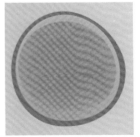

图 2-41　创建相似椭圆形状

Step 10 单击工具箱中的"钢笔工具"按钮，在画布中连续单击拖曳创建白色不规则形状，如图 2-42 所示。使用"椭圆工具"在画布中单击拖曳创建一个白色的椭圆形状，使用组合键 Ctrl+T 调出定界框，调整椭圆形状的角度，如图 2-43 所示。

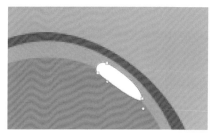
图 2-42　创建白色不规则形状

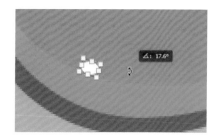
图 2-43　创建白色的椭圆形状并调整角度

Step11 使用"椭圆工具"在画布中单击拖曳创建一个白色的椭圆形状，如图 2-44 所示。在选项栏中修改"路径工具"为"减去顶层形状"，使用"椭圆工具"单击拖曳创建一个椭圆形状，如图 2-45 所示。

Step12 将选项栏中的"路径操作"修改为"合并形状"，使用"圆角矩形工具"在画布中单击拖曳创建一个白色的圆角矩形形状，如图 2-46 所示。

图 2-44　创建白色的椭圆形状

图 2-45　减去顶层形状

图 2-46　合并形状

Step13 使用"直接选择工具"调整圆角矩形形状上的锚点，形状效果如图 2-47 所示。使用"直接选择工具"并按住 Alt 键向右移动，复制圆角矩形。使用组合键 Ctrl+T 调出圆角矩形的定界框，调整圆角矩形的角度，如图 2-48 所示。

Step14 变换完成后，按下 Enter 键确认变换。使用第 13 步的方法，完成"设置"图标中其余相似圆角矩形形状的创建，如图 2-49 所示。

图 2-47　调整锚点

图 2-48　复制圆角矩形

图 2-49　创建相似圆角矩形形状

Step15 打开"图层"面板，双击形状图层弹出"图层样式"对话框，选择"投影"选项并设置各项参数，如图 2-50 所示。完成后，单击"确定"按钮，形状效果如图 2-51 所示。

Step16 单击工具箱中的"椭圆工具"按钮，在画布中单击拖曳创建一个黑色的椭圆形状，形状效果如图 2-52 所示。

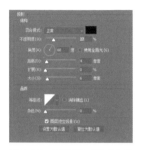

图 2-50　设置图层样式参数　　　图 2-51　形状效果　　　图 2-52　创建黑色的椭圆形状

Step17 打开"属性"面板，设置"蒙版"属性中的羽化值，如图 2-53 所示。打开"图层"面板，设置图层的"不透明度"为 40% 并调整图层顺序，如图 2-54 所示。

Step18 单击面板底部的"创建新图层"按钮，使用"椭圆选框工具"在画布中单击拖曳创建椭圆选区。单击工具箱中的"渐变工具"按钮，在画布中的选区内单击拖曳为选区填充颜色，如图 2-55 所示。

图 2-53　设置羽化值　　　图 2-54　设置不透明度　　　图 2-55　创建选区并填充颜色

Step19 在打开的"图层"面板中调整图层顺序，如图 2-56 所示。使用 Step09 ～ Step19 的方法，完成"信息提示""音效"和"静音"图标的制作，如图 2-57 所示。

图 2-56　调整图层顺序　　　图 2-57　完成其余图标的制作

Step 20 在打开的"图层"面板中，单击"背景"和"图层 1"图层前面的"眼睛"图标将图层隐藏，使用"矩形选框工具"在画布中单击拖曳创建选区，如图 2-58 所示。

Step 21 执行"编辑→合并拷贝"命令，继续执行"文件→新建"命令，在新建的透明文档中，使用组合键 Ctrl+V 复制图标，如图 2-59 所示。

Step 22 执行"文件→导出→快速导出为 png"命令，在弹出的"存储为"对话框中设置 png 文件的名称，如图 2-60 所示。

图 2-58　创建选区

图 2-59　复制图标

图 2-60　导出 png 文件

Step 23 文件名称设置完成后，单击"保存"按钮。使用 Step20 ～ Step22 的方法，完成其余图标的切图输出。

☆ 提示

在每一个案例制作结束后，都对其执行"文件→存储"命令，并在弹出的"另存为"对话框中设置文件名。为了节省章节篇幅，除了本章中的第一个案例，其余案例都不再将文件存储命令书写于制作步骤中。

2.3　游戏 UI 中的文字元素设计

在信息的传播过程中，文字作为信息传递的基本元素仅次于口语成为比图形更直接、更清晰，表达更准确的传播工具，也与图形元素并列成为游戏 UI 设计元素中不可缺少的部分。

▶ 2.3.1　文字在游戏 UI 中的重要性

文字的出现弥补了图形在信息传递过程中的模糊性，有着其他设计元素无法替代的功能。在游戏界面中，文字的作用主要集中于两个方面。一是作为文字最原始的功能性元素，进行信息和情感的传递，如图 2-61 所示；二是作为视觉图形元素减弱信息传递功能，增强文字字形的审美价值，如图 2-62 所示。

图 2-61　传递信息

图 2-62　文字作为图像出现

▷ 2.3.2　文字是信息传递的媒介

作为信息传递的媒介，文字在游戏界面中主要发挥了解释说明的功能，例如玩家在面对一款新的游戏时所需要的游戏规则说明性界面中，文字可以清晰地表达出游戏的玩法，当然，很多游戏规则说明界面中使用了文字与图形相结合的方式，增添了说明的生动性，如图 2-63 所示。

图 2-63　传递信息的媒介

使用简单的图形对复杂的游戏进行解释说明是很困难的，此时文字便发挥了巨大的作用。但需要注意的是，没有哪个游戏玩家喜欢在游戏世界中阅读大量的文字，因此，游戏界面中的文字内容必须适量，在必要的时候出现，并以最简洁的语句表达最清晰的意思，字体的大小、间距应该保持文字的易读性，否则，玩家将会直接忽视跳过这些文字信息而继续游戏，如图 2-64 所示。

除了解释说明的功能，文字还作为提示媒介，很多游戏中会在图标或角色上设置鼠标悬停界面，界面中的文字则是对图形或角色功能的提示，这种方式使大量的文字信息隐藏于游戏界面中，只在玩家需要时进行显示，减少了文字过多而给玩家带来的厌烦感，如图 2-65 所示。

图 2-64　保持文字信息的易读性　　　　图 2-65　提示媒介

▷ 2.3.3　文字作为游戏 UI 中的视觉元素

文字作为图形元素在游戏界面中还起到审美与情感传递的功能。文字是在原始图形的基础上演变而来的，是一种抽象的符号、静态的语言，其本身就具有图形之美。

小技巧：文字的易读性是否重要？

将文字用为视觉图形元素进行处理时，文字的易读性和清晰性并不重要，文字会作为图形或背景起到渲染游戏气氛的作用，文字的这一功能通常体现在根据游戏的主题内容进行设计的游戏标题上，传递给玩家符合游戏体验的情感。

在一些竞速或格斗类游戏界面中，字体常被设计成带有强烈撕裂效果的样式。图 2-66 所示为文字作为视觉图形元素的表现。

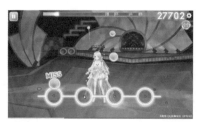

图 2-66　文字作为视觉图形元素的表现

2.4　游戏 UI 中的动态控制元素设计

在游戏界面中有许多动态控制元素，通过对这些元素的操作可以控制游戏的进程，常见的游戏控制元素包括按钮、列表菜单、文本输入控件、滚动条等。

2.4.1　按钮元素设计

软件界面中使用最多的交互设计元素，不仅仅在游戏的界面中，在计算机系统界面、其他软件界面中按钮也非常多见，可以说游戏中按钮的设置与应用大都是借鉴于计算机系统界面。在游戏界面中按钮一般分为选择按钮和事件激发按钮。不同的按钮选择方式适用于不同的信息传递。

单选按钮通常只提供唯一的选项，例如"开"和"关"，"是"与"否"等选项，单选按钮应该在动态效果上给予玩家相应的提示，例如在未点击之前显示为空心圆，而点击之后则变为实心圆，并可以伴随适当的音效，让玩家清楚地知道他的操作已得到响应。图 2-67 所示为游戏 UI 中的单选按钮设计效果。

图 2-67　游戏 UI 中的单选按钮设计效果

另外一种按钮样式是滑块，这种按钮方式一般出现在有范围的选项中，例如 1 ～ 100 的数值范围或是由低到高的抽象范围。

　　因为存在大量数值的按钮不可能为玩家提供每一个数值的选项，因此滑块是最适合的按钮方式，通常在游戏设置界面中的声音大小、画质高低等会使用块按钮，并在按钮上方显示目前所选数值的悬停界面。图 2-68 所示为游戏 UI 中的滑块按钮设计效果。

图 2-68　游戏 UI 中的滑块按钮设计效果

　　在有关卡设置的游戏中，按钮也作为一种对玩家的动态提示，对于玩家尚未激活的关卡，其关卡按钮一般显示灰色或在其按钮上用锁形图案以示有待解锁；对于尚未通关的关卡按钮将呈现出与完全通关关卡不同的色彩或图形。这一动态效果也适用于游戏道具的激活状态。图 2-69 所示为游戏 UI 中的关卡按钮设计效果。

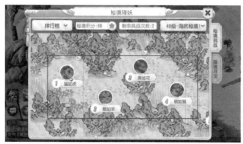

图 2-69　游戏 UI 中的关卡按钮设计效果

✍练一练——设计制作消除类游戏的按钮☝

源文件：第 2 章 \2-4-1.psd　　　视频：第 2 章 \2-4-1.mp4

微视频

• 案例分析

　　本案例是设计制作一款消除类游戏的开始按钮，读者需要使用"椭圆工具""多边形工具"和"画笔工具"完成游戏界面的开始按钮。因为游戏界面的主色为蓝色，而蓝色和绿色又是邻近色，所以开始按钮使用绿色的外观，这样绿色的开始按钮让玩家的视野可以顺利、自然地从背景过渡到按钮上。

　　为了游戏界面的完整性，在制作完成开始按钮后，读者需要将之前案例导出的 png 图标组逐一导入，并放置在游戏界面中，如图 2-70 所示。

图 2-70　案例展示效果

• 制作步骤

Step 01 执行"文件→打开"命令，打开"第 2 章 \2-1-3.psd"文件。单击工具箱中的"椭圆工具"按钮，在画布中单击拖曳创建椭圆形状，如图 2-71 所示。

Step 02 单击工具箱中的"直接选择工具"按钮，选择椭圆形状右方的锚点，使用方向键向右移动锚点，弹出提示框如图 2-72 所示。

Step 03 单击"是"按钮，使用"直接选择工具"继续调整椭圆形状上其余锚点的位置，形状图像如图 2-73 所示。

图 2-71 创建椭圆形状　　　　图 2-72 提示框　　　　图 2-73 调整锚点

Step 04 使用 Step01 ～ Step03 的绘制方法创建一个黑色椭圆形状，修改椭圆形状的"不透明度"，形状效果如图 2-74 所示。打开"图层"面板，单击面板底部的"创建新图层"按钮，"图层"面板如图 2-75 所示。

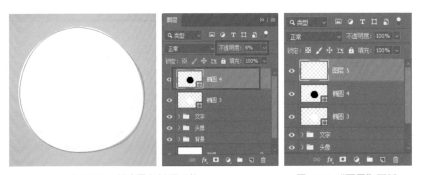

图 2-74 创建黑色椭圆形状　　　　　　图 2-75 "图层"面板

Step 05 单击工具箱中的"椭圆选框工具"按钮，设置中的"羽化"值为 10px，在画布中单击创建一个椭圆选框，如图 2-76 所示。

Step 06 设置"前景色"为黑色，单击工具箱中的"油漆桶工具"按钮，在画布中单击椭圆选区为其填充黑色，并在打开的"图层"面板中修改"不透明度"为 36%，"图层"面板和图像效果如图 2-77 所示。

Step 07 使用 Step03 和 Step04 的绘制方法创建相似形状，修改椭圆形状的"不透明度"，形状效果如图 2-78 所示。单击工具箱中的"钢笔工具"按钮，在画布中连续单击并拖曳创建不规则形状，形状效果如图 2-79 所示。

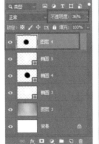

图 2-76 创建选区 　　　　　　　　　　　　　图 2-77 填充颜色

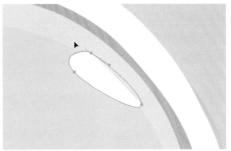

图 2-78 创建相似形状 　　　　　　　　　图 2-79 创建不规则形状

Step08 使用"直接选择工具"在画布中调整不规则形状上的锚点，形状效果如图 2-80 所示。使用"椭圆工具"在画布中单击拖曳创建一个椭圆形状，使用组合键 Ctrl+T 调出定界框，移动光标调整椭圆形状的角度，如图 2-81 所示。

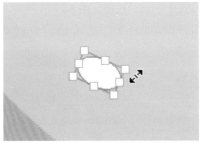

图 2-80 调整不规则形状上的锚点 　　　　图 2-81 创建椭圆形状并调整角度

Step09 按下 Enter 键确认变换操作，形状效果如图 2-82 所示。单击工具箱中的"多边形工具"按钮，设置选项栏中的"边"选项为 3，在画布中单击拖曳创建一个三角形，形状效果如图 2-83 所示。

Step10 单击工具箱中的"转换点工具"按钮，在画布中单击拖曳三角形的某个锚点，如图 2-84 所示。

图 2-82　形状效果

图 2-83　创建三角形

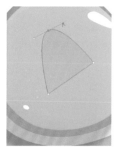
图 2-84　调整三角形的锚点

Step 11 使用 Step10 的方法，完成三角形其余两个锚点的调整，形状效果如图 2-85 所示。在选项栏中的"填充"选项中设置形状的渐变颜色，如图 2-86 所示。使用 Step10 ～ Step12 的方法创建一个三角形的相似形状，如图 2-87 所示。

图 2-85　调整三角形的其余锚点

图 2-86　修改填充颜色

图 2-87　创建三角形的相似形状

Step 12 打开"图层"面板，单击面板底部的"添加图层样式"按钮，弹出快捷菜单并选择"内发光"选项，设置如图 2-88 所示的各项参数。设置完成后，继续选择"外发光"选项，设置如图 2-89 所示的各项参数，形状效果如图 2-90 所示。

图 2-88　设置"内发光"

图 2-89　设置图层样式参数

图 2-90　外发光效果

Step 13 在打开的"图层"面板中，选择相关图层并单击面板底部的"创建新组"按钮，重命名图层组如图 2-91 所示。

Step 14 创建新图层，单击工具箱中的"画笔工具"按钮，在选项栏的"画笔预设"选项中设置笔触大小和笔触硬度等参数，如图 2-92 所示。设置"前景色"为白色，使用"画笔工具"在画布中单击绘制图像，图像效果如图 2-93 所示。

图 2-91　创建新组　　　　　图 2-92　设置笔触　　　　　图 2-93　绘制图像

Step 15 打开"图层"面板，设置图层的"混合模式"为"叠加"选项，"不透明度"为 36%，如图 2-94 所示适当调整图层顺序。完成后，按钮的图像效果如图 2-95 所示。

图 2-94　设置参数　　　　　　图 2-95　按钮的图像效果

Step 16 执行"文件→打开"命令，打开"第 2 章 \ 信息图标 .png"文件，使用"移动工具"将其拖曳到设计文档中，如图 2-96 所示。使用相同的方法，完成游戏 UI 中其余图标的添加，如图 2-97 所示。

图 2-96　添加图像　　　　　　图 2-97　完成相似内容的制作

▶ 2.4.2 进度条元素设计

进度条是游戏界面中常见的元素，用户在启动游戏时，游戏需要一定的启动时间，为了避免用户在等待的过程中退出，通常辅以进度条告知用户大概还有多久。但等待总是让人不耐烦的，所以设计师就需要通过更加人性化的方式来表现游戏的加载进度，通常将进度条设计成各种极具创意与美观的形态，让玩家更乐意欣赏进度条的滚动。

在对游戏进度条进行设计时，需要注意风格应与该款游戏相统一。可以在游戏进度条的设计中加入游戏中的相关元素，例如卡通形象等，这样可以使所设计的进度条与游戏界面和谐、统一，并且更加形象。图2-98所示为游戏UI中的进度条元素设计效果。

图 2-98 游戏 UI 中的进度条元素设计效果

微视频

☆练一练——设计制作机械类游戏的进度条☆

源文件：第 2 章 \2-4-2.psd   视频：第 2 章 \2-4-2.mp4

• 案例分析

本案例设计制作一款机械类游戏的进度条，首先使用"图像调整"命令和"渐变工具"为进度条完成背景的制作，然后使用"圆角矩形工具""矩形工具""横排文字工具"和"定义图案"命令完成进度条的制作。

设计师将背景图像调整为蓝色系图像时，为了使整个游戏界面的设计风格和谐、统一，设计师需要将进度条外观也设置为蓝色，如图 2-99 所示。

图 2-99 案例展示效果

• 制作步骤

Step01 打开 Photoshop CC 软件，单击欢迎面板中的"打开"按钮，在弹出的"打开"对话框中选择图像文件，单击"打开"按钮，如图 2-100 所示。

Step02 复制"背景"图层，执行"图像→调整→色相/饱和度"命令，在弹出的"色相/饱和度"对话框中设置各项参数，如图 2-101 所示。

图 2-100 打开素材图像

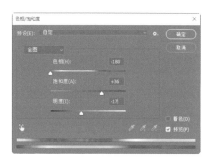

图 2-101 调整图像

Step03 设置完成后，图像效果如图 2-102 所示。执行"图层→新建→图层"命令，单击工具箱中的"渐变工具"按钮，设置从黑色到透明的渐变颜色，如图 2-103 所示。

图 2-102 图像效果

图 2-103 设置渐变颜色

Step04 打开"图层"面板，单击面板底部的"创建新图层"按钮，使用"渐变工具"在画布中单击拖曳添加渐变颜色，如图 2-104 所示。打开"图层"面板，设置图层的"不透明度"为 60%，如图 2-105 所示。

图 2-104 绘制图像

图 2-105 设置不透明度

Step05 单击工具箱中的"圆角矩形工具"按钮，在画布中单击拖曳创建一个圆角矩形形状，形状效果如图 2-106 所示。使用"矩形工具"在画布中单击拖曳创建一个蓝色的矩形形状，形状效果如图 2-107 所示。

Step06 使用组合键 Ctrl+N 调出"新建文档"对话框，如图 2-108 所示设置各项参数。单击工具箱中的"矩形工具"按钮，在画布中连续单击拖曳创建多个 1×1px 的矩形形状，如图 2-109 所示。

图 2-106　创建圆角矩形形状

图 2-107　创建矩形形状

图 2-108　新建文档

Step07 执行"编辑→定义图案"命令，在弹出的"图案名称"对话框中设置图像名称，如图 2-110 所示。

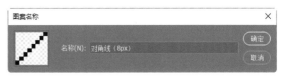

图 2-109　创建多个形状

图 2-110　设置图像名称

Step08 设置完成后单击"确定"按钮，返回设计文档中，打开"图层"面板，双击形状图层并在弹出的"图层样式"对话框中选择"内阴影"选项，设置如图 2-111 所示的各项参数。

Step09 继续在打开的"图层样式"对话框中选择"图案叠加"选项，设置如图 2-112 所示的各项参数。设置完成后，单击"确定"按钮，形状效果如图 2-113 所示。

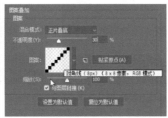

图 2-111　设置图层样式参数　　　图 2-112　设置图层样式参数　　　图 2-113　形状效果

Step10 执行"图层→创建剪贴蒙版"命令，形状效果和"图层"面板如图 2-114 所示。使用"矩形工具"在画布中单击拖曳创建一个白色的矩形形状，如图 2-115 所示。

Step 11 执行"图层→创建剪贴蒙版"命令，打开"图层"面板，设置图层不透明度为 10%，形状效果如图 2-116 所示。打开"字符"面板，设置各项参数，如图 2-117 所示。

图 2-115　创建白色的矩形形状

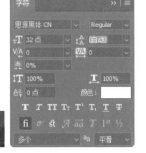

图 2-114　形状效果和"图案"面板　　图 2-116　添加剪贴蒙版的效果　　图 2-117　设置字符参数

Step 12 单击工具箱中的"横排文字工具"按钮，在画布中单击输入横排文字，如图 2-118 所示。打开"图层"面板，选中相关图层将其编组，如图 2-119 所示。

图 2-118　添加文字

图 2-119　创建新组

Step 13 隐藏除"进度条"图层组以外的所有图层，使用"矩形选框工具"在画布中单击拖曳创建选区，如图 2-120 所示。

Step 14 执行"编辑→合并拷贝"命令，继续执行"文件→新建"命令，在新建的透明文档中，使用组合键 Ctrl+V 复制图标。执行"文件→导出→快速导出为 png"命令，在弹出的"存储为"对话框中设置文件名称，如图 2-121 所示。

图 2-120　创建选区

图 2-121　快速导出 png 图像

▶ 2.4.3　滚动条元素设计

滚动条出现在屏幕空间有限且列表信息较多的情况中，虽然这样可以无限为玩家提供大量的信息选择，但是要玩家进行多一步操作，玩家必须滚动列表寻找自己想要的选项，选项的增多无疑会为玩家带来寻找上的不便。

在游戏界面的设计过程中，可以在必要的情况下使用滚动条设计，但需要注意的是，通常仅为相应的信息内容设计垂直滚动条，而不会设计横向滚动条，因为横向滚动条不便于用户的操作。图 2-122 所示为游戏 UI 中的滚动条元素设计效果。

图 2-122　游戏 UI 中的滚动条元素设计效果

▶ 2.4.4　列表元素设计

在游戏界面中，列表选项多数是以图形的方式表现的，例如游戏中的道具选择、角色选择、场景选择等，并且选项的数量多于 3 个少于 8 个。这种选项形式在近几年抢占主流市场的移动平台游戏上应用较多，移动平台大多数为多点触控界面，用户通过各种手势对平台界面进行操作，这为游戏的控制提供了更便捷的方式。列表菜单的应用既允许用户可以单手操作，也符合用户的滑动手势。

在进行这种选择方式的设计上，读者不难发现，因为所有的选项不会同时出现在屏幕上，而是根据玩家选择交替出现。一般同时出现在屏幕上的选项数量都是奇数，例如 3 个或 5 个。这样设计的目的是在视觉上为玩家提供一种平衡感，让玩家有一个视觉中心点，而作为处于中心位置的选项通常比两边的选项在尺寸上要大一些，便于玩家选择。图 2-123 所示为游戏 UI 中的列表元素设计效果。

图 2-123　游戏 UI 中的列表元素设计效果

▶ 2.4.5　文本输入元素设计

文本输入信息除了在游戏的开始界面中出现，在游戏过程中的界面也经常使用，特别是在大型网络游戏中。开始界面的文本输入通常是输入玩家角色的名称，或者玩家自己的名称。这样做的目的：其一允许玩家定义自己的游戏角色特征；其二在很多追求分数记录的游戏中，玩家可以在未来的高分排行榜上看到自己的名字，也为玩家创造一种成就感。

游戏中的文本输入界面对需要即时沟通团队战术、游戏策略等情况的团队玩家来说要重

要一些。当然一些网络游戏直接为玩家开通了玩家语音通道，省去了玩家打字的麻烦。但多数节奏较为缓慢的网络游戏依然为玩家保留文本交流界面，允许玩家讨论交流。图2-124 所示为游戏界面中的文本输入元素设计效果。

图 2-124　游戏 UI 中的文本输入元素设计效果

2.5　游戏 UI 中的其他元素设计

视觉形象是人类感知世界、传递信息的主要方式。虽然在人类文明发展过程中，文字、图形等视觉符号的传播方式随着传播媒介的发展变化几经变异，但视觉形象在人类认知世界过程中的地位从未动摇。

▶ 2.5.1　游戏 UI 中的视听元素

人们对于视觉形象的感知与欣赏能力提高，对视觉审美提出了更高的要求，听觉感知元素与视觉形象的结合为人们带来了更广泛的视听体验，媒体的集成性将视听元素统一转化为数字语言，使得数字媒介本身的表现力更加丰富、更加人性化。

游戏界面的视听效果会直接影响玩家与游戏世界交互的感受。因玩家置身游戏世界中，

所以，游戏界面与游戏世界的各种元素联系越紧密越自然，就会越让玩家愉悦着迷；如果游戏界面生硬缺乏自然感，不但会使玩家与游戏世界的距离疏远，而且会破坏游戏的整体氛围。图 2-125 所示为游戏 UI 中的视听元素的应用。

图 2-125　游戏 UI 中的视听元素的应用

▶ 2.5.2　声音元素在游戏 UI 中的作用

音效是每个游戏不可缺少的部分，游戏设计者会根据游戏本身的特点、故事情节、游戏

体验等为其创作独创音乐与音效。在音效上，游戏开发者也追求极度逼真夸张的效果，以期达到视听的完美结合。音效作为一种"隐形"的界面形式，它对玩家产生的作用主要表现在如表 2-1 所示的 4 个方面。

表 2-1　声音元素在游戏 UI 中的 4 个作用

消除歧义	通过不同的音效，可以让玩家区分游戏中的操作或游戏世界中发生事情的成功与失败。这一点视觉回馈便不如声音那样明显，即使没有任何文字、图形的提示，玩家也会马上意识到并进行查看
及时提供反馈	在紧张的游戏过程中，视觉的信息反馈有时会因为太隐蔽而被玩家忽视，或者出现得太直接而导致玩家从紧张的游戏世界中分神 声音并不是游戏玩法的核心部分，因此，在提示的音效响起时，反而让玩家感觉很贴切自然，同时也能够从音效中判断将要发生的事情，并没有任何视觉元素打断游戏的进度
强化视觉效果	结合视觉效果，声音可以反馈游戏中新发生的事件
增强游戏氛围	这是声音元素最基本的作用，就是结合整个游戏界面的视觉效果，帮助玩家尽快沉浸在游戏世界中，让整个游戏世界更加声情并茂

▶ 2.5.3　游戏 UI 中的合理配色

　　人们的日常生活中每时每刻都充斥着各种各样的色彩。玩家在第一眼看到一款游戏时，就会首先根据色彩判断这款游戏所渲染的氛围。这也是设计师在设计游戏界面时需要非常注意的部分，因为一旦玩家第一感觉失败，将会使玩家对游戏产生歧义。图 2-126 所示为游戏 UI 中的色彩元素的应用。

图 2-126　游戏 UI 中的色彩元素的应用 1

小技巧：色彩的信息反馈作用

　　色彩除了调节游戏带给玩家的情感体验，还作为对玩家的一种信息反馈提示。暖色常常会引起玩家的压力和警觉，反之冷色可以让玩家知道情况在掌控之中。例如，当红色信息出现时常常意味着某种功能失效或者角色接近死亡，而绿色则表明某种功能处于可用状态或角色处于健康状态。

　　贯穿整个游戏的所有界面应该有不同的色彩变化，以提醒玩家注意，如果用一种颜色应用于所有的界面情况中，玩家就会忽略界面所要发出的信息，那么色彩对玩家的影响力就会大大减弱。所以，在游戏界面中色调的一致固然重要，但冷暖色调的对比也是一种行之有效的信息提示方式。图 2-127 所示为游戏 UI 中的色彩元素的应用。

图 2-127　游戏 UI 中的色彩元素的应用 2

☆练一练——设计制作机械类游戏的启动界面☆

微视频

源文件：第 2 章 \2-5-3.psd　　　视频：第 2 章 \2-5-3.mp4

• 案例分析

　　本案例设计制作一款机械类游戏的启动界面，读者首先需要使用"图像调整"命令、
"矩形工具"、变形的横排文字和各种素材
图像完成启动界面的主体制作；然后读者需
要使用前面案例导出的 png 图像，将其摆放
在启动界面的合适位置。

　　设置机械类游戏的启动界面的主色为蓝
色，蓝色可以让玩家联想到天空、海洋和宇
宙等空间，带给玩家一种冷静、理智与美观
的感受，同时为玩家渲染出一种广阔、科技
和博大的氛围，如图 2-128 所示。

图 2-128　案例的展示效果

• 制作步骤

　　Step 01　打开 Photoshop CC 软件，单击欢迎面板中的"打开"按钮，在弹出的"打开"对
话框中选择图像文件，单击"打开"按钮，如图 2-129 所示。

　　Step 02　打 开
"图层"面板，单
击面板底部的"创
建新的填充或者调
整图层"按钮，
在弹出的快捷菜单
中选择"色相 / 饱
和度"选项，设置
各项参数，如图
2-130 所示。

图 2-129　打开素材图像　　　　　图 2-130　创建调整图层

Step03 单击工具箱中的"矩形工具"按钮，在画布中单击拖曳创建一个矩形形状，设置选项栏中的"填充"颜色值为渐变，渐变颜色的参数如图 2-131 所示。设置完成后，形状效果如图 2-132 所示。

图 2-131　创建矩形形状并设置渐变　　　　图 2-132　形状效果

Step04 打开"字符"面板，设置如图 2-133 所示的各项参数。使用"横排文字工具"在画布中单击输入横排文字，如图 2-134 所示。

图 2-133　字符参数 1　　　　　　　图 2-134　添加文字 1

Step05 打开"图层"面板，将文字图层拖曳到"创建新图层"按钮上方，复制图层。单击"闪电速度"图层前方的"眼睛"图标，如图 2-135 所示。单击选项栏中的"创建变形文字"按钮，弹出"变形文字"对话框，设置如图 2-136 所示的各项参数。

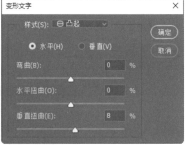

图 2-135　"图层"面板 1　　　　图 2-136　设置变形文字

Step06 设置完成单击"确定"按钮，图像效果如图 2-137 所示。打开"图层"面板，双击图层打开"图层样式"对话框并选择"内发光"选项，设置如图 2-138 所示的各项参数。

Step07 继续在打开的"图层样式"对话框中选择"外发光"选项，设置如图 2-139 所示的各项参数。设置完成单击"确定"按钮，图像效果如图 2-140 所示。

图 2-137　图像效果 1　　　　　　　　图 2-138　设置图层样式

图 2-139　图层样式参数　　　　　　　　图 2-140　图像效果 2

Step08 执行"文件→打开"命令，打开"第 2 章 \24202.jpg"文件，使用"移动工具"将其拖曳到设计文档中，如图 2-141 所示。打开"图层"面板，单击面板底部的"添加图层蒙版"按钮，使用"画笔工具"在画布中涂抹，如图 2-142 所示。

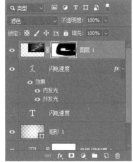

图 2-141　添加素材 1　　　　　　　　图 2-142　"图层"面板 2

Step09 单击工具箱中的"移动工具"按钮，在画布中单击拖曳素材图像到合适位置，图像效果如图 2-143 所示。

图 2-143　图像效果 3

Step10 执行"文件→打开"命令，打开"第 2 章 \24203.jpg"文件，使用"移动工具"将其拖曳到设计文档中，如图 2-144 所示。

Step11 执行"图层→复制图层"命令，使用组合键 Ctrl+T 为复制图层调出定界框，在定界框上方右击，在弹出的快捷菜单中选择"顺时针旋转 90°"选项，使用光标将素材图像移动至"闪"字上方，如图 2-145 所示。

图 2-144　添加素材 2

图 2-145　复制图像并旋转角度

Step12 按下 Enter 键确认变换操作，使用 Step11 的方法，完成其余素材图像的制作，如图 2-146 所示。打开"图层"面板并选中"图层 2"～"图层 2 拷贝 5"图层，单击面板底部的"创建新组"按钮，重命名为"闪光"，如图 2-147 所示。

图 2-146　连续复制图像

图 2-147　创建图层组

Step13 使用 Step08 和 Step09 的方法，完成其余装饰电光的制作，如图 2-148 所示。完成后，图层面板如图 2-149 所示。

Step14 执行"文件→打开"命令，打开"第 2 章 \24205.png"文件，使用"移动工具"将其拖曳到设计文档中，如图 2-150 所示。打开"图层"面板，设置图层"不透明度"为 30%，如图 2-151 所示。

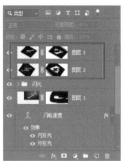

图 2-148　完成相似装饰图像　　　　　图 2-149　"图层"面板 3

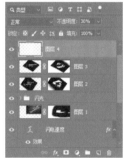

图 2-150　添加素材 3　　　　　图 2-151　设置不透明度

Step 15 执行"文件→打开"命令，打开"第 2 章 \24206.png"文件，使用"移动工具"将其拖曳到设计文档中，如图 2-152 所示。单击工具箱中的"横排文字工具"按钮，在画布中单击拖曳创建文本定界框，如图 2-153 所示。

图 2-152　添加素材 4　　　　　图 2-153　创建文字定界框

Step 16 打开"字符"面板，设置如图 2-154 所示的各项参数。使用"横排文字工具"在文本定界框内输入横排文字，如图 2-155 所示。

Step 17 执行"文件→打开"命令，打开"第 2 章 \ 进度条 .png"文件，使用"移动工具"将其拖曳到设计文档中，如图 2-156 所示。打开"图层"面板，将相关图层编组并重命名，如图 2-157 所示。

图 2-154　字符参数 2

图 2-155　添加文字 2

图 2-156　添加进度条

图 2-157　整理图层

2.6　举一反三——设计制作 Q 版游戏的启动按钮

微视频

源文件：第 2 章 \2-6.psd　　　视频：第 2 章 \2-6.mp4

通过学习本章的相关知识点，读者应该对游戏 UI 的构成元素有了进一步的认识。下面利用所学知识和经验，来制作完成一款 Q 版古风游戏的启动按钮。

Step 01 使用"圆角矩形工具"创建按钮的底图，如图 2-158 所示。

Step 02 使用素材图像为图标制作立体感，如图 2-159 所示。

图 2-158　创建按钮底图

图 2-159　制作立体感

Step03 逐一为底图添加高光和装饰，如图 2-160 所示。

Step04 使用"横排文字工具"为按钮添加解释文字，如图 2-161 所示。

图 2-160　添加高光和装饰　　　　图 2-161　添加解释文字

2.7　本章小结

在本章中重点向读者介绍了游戏 UI 中的构成元素，以及各种元素的设计表现方法和在游戏界面中的作用；并且通过多种游戏构成元素的设计制作，向读者讲解了这些游戏构成元素的设计和表现方法。通过本章内容的学习，读者需要掌握各种游戏 UI 构成元素的设计制作方法。

第 3 章

网页游戏 UI 设计

本章主要内容

　　随着网页开发技术的不断发展，网页游戏在视觉表现和玩法设计上不断突破创新，这也使得优秀的网页游戏越来越多。一款好的网页游戏 UI 设计应该既有美观大气的外观，又有新颖、独特的玩法或用户体验。在本章中将向读者介绍有关网页游戏 UI 设计的相关知识，并通过实操两个网页游戏 UI 设计案例，使读者掌握网页游戏 UI 的设计方法。

3.1　了解网页游戏 UI 设计

网页游戏又称为 Web 游戏和无端网游，是可以直接使用浏览器玩的游戏，不需要下载任何客户端，任何地方、任何时间、任何地点、任何一台能上网的计算机都可以快乐地进行游戏，非常适合上班一族。

3.1.1　什么是网页游戏 UI

网页游戏是一种没有客户端的网页游戏，所以也简称页游。网页游戏是基于 Web 浏览器的网络在线多人互动游戏，它的特点是无须下载客户端，也不存在机器配置不够的问题。

还有最重要的一点，网页游戏的关闭和切换都极其方便，这样一来，它就非常适合上班族用来打发空闲时间。图 3-1 所示为两款休闲类型的网页游戏。

图 3-1　两款休闲类型的网页游戏

3.1.2　网页游戏的优点

网页游戏经过多年的发展，已经趋于成熟，在网页游戏的界面和动态交互过程中，玩家几乎已经难以区分这是浏览器上的网页应用，还是一个独立的游戏程序。与传统的计算机游戏相比，网页游戏具有如表 3-1 所示的 3 个优点。

表 3-1　网页游戏的 3 个优点

便利性	进行网页游戏不需要购买或者安装任何的客户端游戏软件，这是它与传统的电视 / 计算机游戏最大的区别
	传统的网络游戏，无论是大型游戏还是休闲游戏，都需要下载并安装相应的游戏客户端，对计算机配置要求也越来越高，而且运行游戏需要占用一定的内存和空间，很难同时进行其他工作或娱乐
	网页游戏仅需要使用浏览器就可以随时随地进行游戏，不需要下载安装任何客户端，在不影响新闻浏览、聊天等其他网络行为的同时，体验全新的网页游戏理念的娱乐

续表

跨平台区享	网页游戏不单单停留在网页表现形式上，它还将会向手机 WAP 和手机客户端图形网游方式联合发展，是跨平台的，两个平台访问的是同一服务器，离线后，玩家可以通过手机继续进行且资料库共享
用户黏性强	因为网页游戏具有很高的便利性，所以网页游戏具有很强的用户黏性。只要打开浏览器进入相应的游戏网页即可进入游戏，非常简便，在方便性上比 QQ 游戏有过之而无不及。随着网络技术的迅速发展，网页游戏中的动态交互效果与传统桌面游戏中的交互效果已经相差无几

▶ 3.1.3 网页游戏的限制性

网页游戏相对于客户端游戏优点有很多，但是和传统网络游戏相比，网页游戏还是有许多不足的地方，如表 3-2 所示。

表 3-2 网页游戏的 3 个限制性

部分游戏模式互动性不强	在网页游戏中，除了角色扮演类网页游戏，其他类型的网页游戏都需要玩家时刻在线，所以很难直接让游戏玩家以一种直观的方式和别的玩家进行沟通
游戏节奏缓慢	网页游戏由于不需要实时在线的特性，使得大部分类型的网页游戏节奏相对来说比较缓慢
游戏画面表现力不够	网页游戏是在浏览器窗口中运行的，浏览器窗口的局限性导致网页游戏的画面很难达到客户端游戏的程度，画面表现力有所下降

3.2 网页游戏的分类

网页游戏和网络游戏的分类大体上是相同的，但是网页游戏因为其本身的特殊性，其类型比网络游戏更加丰富。目前网页游戏大致可以分为"战争策略类""角色扮演类""经营养成类"和"休闲竞技类"4 种类型。

▶ 3.2.1 战争策略类

战争策略类网页游戏也可以叫作策略角色扮演。策略角色扮演的特点在于战斗系统上，敌我双方都有若干个角色组成的作战单位，在地图上按照自身的能力和限定规则进行移动、支援或攻击，以达成特定的胜利条件。随着游戏多元化的发展，目前的战争策略类网页游戏还包含了经营、外交、养成等特色在里面，丰富了游戏的可玩性。

网页游戏中的战争策略类游戏已经和以前的策略角色扮演游戏有很大的不同，在网页游戏中，互动性和即时性更强，无论是可玩性还是艺术性，都更胜一筹。图 3-2 所示为《七雄争霸》和《真战三国》网页游戏界面。

图 3-2　战争策略类网页游戏界面

3.2.2　角色扮演类

角色扮演网页游戏一般是指由玩家在网页游戏中扮演一个或数个角色，有完整的故事情节，强调剧情发展和个人体验，具有升级和技能成长要素的游戏。图 3-3 所示为《六界仙尊》和《杯莫停》网页游戏界面。

图 3-3　角色扮演类网页游戏界面

3.2.3　经营养成类

经营养成网页游戏一般是以企业、城市等非生命体为培养对象，玩家扮演的是投资者或决策者的角色，主要目的是在经营过程中获取利润，并不断扩大规模。图 3-4 所示为《狂欢超市》和《魔法卡片》网页游戏界面。

图 3-4　经营养成类网页游戏界面

经营养成网页游戏的特点在于可以培养的对象多种多样，可以是小动物，可以是战斗宠物等，游戏中各种奇怪的装扮，搞怪的、灵异的、鲜艳的，让人目不暇接，大大地增加了游戏的娱乐性。图 3-5 所示为《QQ 农场》和《梦幻海底》网页游戏界面。

图 3-5　经营养成类网页游戏界面

▶ 3.2.4　休闲竞技类

休闲竞技网页游戏是当前最受欢迎的网页游戏之一，用户可以在放松身心的同时获得游戏带来的乐趣。休闲竞技网页游戏通常操作简易，画面以卡通形象为主，内容十分丰富，同时游戏又带有一定的竞争性，使玩家带着娱乐的心态去竞技。图 3-6 所示为《植物大战僵尸》和《捕鱼假日》网页游戏界面。

图 3-6　休闲竞技类网页游戏界面

☆ 练一练——设计制作"米亚，快跑！"网页游戏的静态元素 ☆

微视频

源文件：第 3 章 \3-2-4.psd　　　　视频：第 3 章 \3-2-4.mp4

• 案例分析

本案例设计制作"米亚，快跑！"网页游戏的"静态"元素。使用 Illustrator CC 绘制完成网页游戏界面元素，因为都是矢量元素，所以可以随时打开源文件进行修改。

　　游戏界面中大量使用了代表生机勃勃的绿色，既能让玩家联想到现实生活中的草地、草坪和草丛等物体，还能让玩家在玩游戏的过程中感受到生机盎然的氛围；游戏中的小路使用了在现实生活中土壤的颜色——褐色，这样也能很好地让玩家将小路元素代入。

　　由于"米亚，快跑！"是益智游戏，而益智游戏又是经营养成类网页游戏中的一种，为了更好地吸引年轻人的目光，同时让玩家在玩游戏的过程中感到轻松愉悦，设计师特意将它的界面风格确定为 Q 版卡通类。"米亚，快跑！"游戏界面中的"静态"元素如图 3-7 所示。

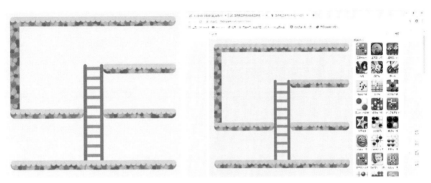

图 3-7　网页游戏界面展示

•制作步骤

Step 01 打开 Illustrator CC 软件，单击欢迎面板中的"新建"按钮，在弹出的"新建文档"对话框中设置如图 3-8 所示的各项参数。设置完成后，单击"创建"按钮。

Step 02 单击工具箱中的"矩形工具"按钮，在画布中单击拖曳创建矩形路径，如图 3-9 所示。单击工具箱中的"圆角矩形工具"按钮，在画布中单击拖曳创建一个圆角矩形路径，如图 3-10 所示。

图 3-8　新建文档　　　　　图 3-9　绘制矩形　　　　　图 3-10　绘制圆角矩形 1

Step 03 单击工具箱中的"钢笔工具"按钮，在画布中连续单击拖曳创建不规则路径，如图 3-11 所示。单击工具箱中的"锚点工具"按钮，点击形状中的某个锚点调出锚点中的两条方向线，如图 3-12 所示调整方向线。

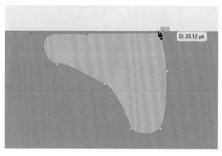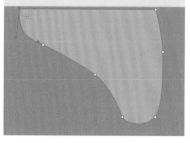

图 3-11　绘制不规则路径 1　　　　　　　　　图 3-12　调整锚点

Step04 使用"锚点工具"和"直接选择工具"调整不规则路径中的每个锚点，如图 3-13 所示。使用"钢笔工具"和"锚点工具"在画布中单击拖曳创建不规则路径，完成的不规则路径如图 3-14 所示。

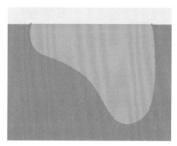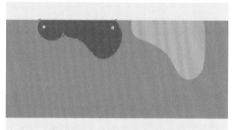

图 3-13　调整不规则路径的锚点　　　　　　　图 3-14　绘制不规则路径 2

Step05 使用 Step03 和 Step04 的绘制方法，完成如图 3-15 所示路径的绘制。

图 3-15　绘制相似路径

Step06 使用"椭圆工具"在画布中单击拖曳创建椭圆路径，按下 Alt 键的同时使用"选择工具"向右拖曳椭圆路径，连续复制椭圆路径如图 3-16 所示。

图 3-16　连续绘制椭圆路径

Step07 使用"圆角矩形工具"在画布中绘制圆角矩形路径，如图 3-17 所示。

图 3-17　绘制圆角矩形 2

Step 08 使用 Step02 ～ Step07 的绘制方法，完成如图 3-18 所示的相似"道路"模块的制作。使用"圆角矩形工具"在画布中连续单击拖曳创建两个圆角矩形路径，如图 3-19 所示。

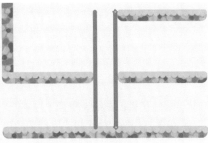

图 3-18　完成相似模块的绘制　　　　图 3-19　绘制圆角矩形 3

Step 09 使用"矩形工具"在画布中连续单击拖曳创建多个矩形路径，如图 3-20 所示。打开"图层"面板，将最新绘制的编组调整至"图层 2"的底部，图像效果和"图层"面板如图 3-21 所示。

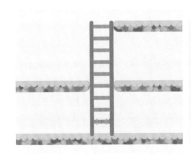

图 3-20　连续创建矩形路径　　　　图 3-21　图像效果和"图层"面板

☆ 提示

用户在绘制"梯子"元素的台阶时，可以先创建一个矩形路径，再按住 Alt 键的同时向下拖曳复制矩形路径，多次复制完成元素的制作。这样创建出来的矩形可以保证它们的大小是一致的。

3.3 游戏 UI 设计过程解析

UI 设计师和 UX 设计师的工作是发现用户的需求并解决这些问题，也就是将玩家天马行空的想法落实到最终的游戏产品上。即使在游戏当中，UI 设计也是为了丰富和渲染游戏界面而设计的，网页游戏 UI 设计的基本流程如图 3-22 所示。

由于本书讲解的内容为网页游戏 UI 设计，所以制作游戏过程的"版本测试"和"发布更新"阶段将不作详细叙述，如果读者对此感兴趣，可上网查找相关资料。

图 3-22　网页游戏 UI 设计的基本流程

▶ 3.3.1　用户需求

判断一款游戏的优劣，在很大程度上取决于潜在玩家的使用评价，因此在网页游戏开发的最初阶段尤其需要重视游戏中人机交互部分的用户需求。

调查玩家的类型、特性，了解玩家的喜好，预测玩家对不同交互设计的反响，保证游戏中交互活动的适当和明确，应分别从玩家生理、心理、背景和使用环境的影响来进行用户体验设计。

▶ 3.3.2　预设处理流程

开始设计游戏 UI 前，需要预设游戏的处理流程。一般情况下，一款游戏的 UI 界面中会包含玩家信息、预设界面、游戏界面和结束界面等元素，这些元素可以将游戏的各个界面完整地串联起来，如图 3-23 所示。

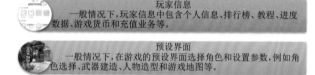

玩家信息
一般情况下，玩家信息中包含个人信息、排行榜、教程、进度数据、游戏货币和充值业务等。

预设界面
一般情况下，在游戏的预设界面选择角色和设置参数，例如角色选择、武器建造、人物造型和游戏地图等。

游戏界面
游戏界面是玩家与机器的交互界面，也就是实时的游戏环节界面。

结束界面
一般情况下，游戏结束之后的结束界面包括得分、总结和成就等内容。

图 3-23　一款游戏的 UI 界面

在设计游戏界面的时候，设计师需要让玩家在玩游戏时，在游戏 UI 界面感到流畅且愉悦。因为玩家们并没有很多的时间来面对不清晰的导航，所以他们希望看到的是直观的和清晰的界面，并且能够直接参与到游戏过程中去，这是游戏 UI 设计师必备的技能。对于移动端的游戏 UI，还需要面对另一重挑战——和 PC 端的游戏相比，移动端的界面更小，设计师需要更高效地利用屏幕，同时还要保持游戏的可用性。

▶ 3.3.3　UX 设计

任何一款游戏，它的 UI 设计都是从线框图开始的。这个阶段需要 UX 设计师的加入，UX 设计师需要构思游戏基本的交互和导航设计，如图 3-24 所示。

在进行 UI 设计之前，低保真的线框图可以让设计师更好地思考布局和界面之间的过渡。低保真线框图没有彩色的图像和动画效果，只有基本的图标和排版布局，这样的情况下，设计师能够更加专注于交互流程，如图 3-25 所示。

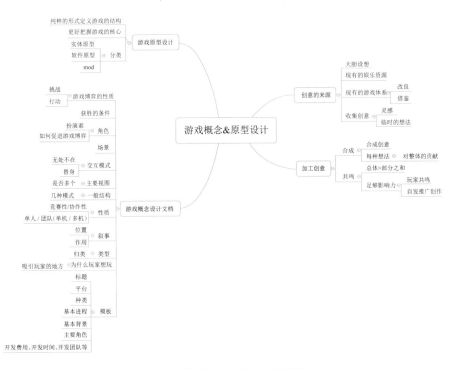

图 3-24　某款游戏的概念 & 原型设计

绘制低保真的游戏界面模型，探索游戏界面风格的各种可能性，这样可以大致确定一两种游戏界面风格。根据游戏的界面风格，再为低保真的游戏界面模型上

图 3-25　低保真网页游戏模型

色、添加质感和添加场景等，这时游戏界面设计变为高保真模型，如图 3-26 所示。

根据玩家特性以及系统任务和环境，制订最为适合的游戏交互类型，包括确定人机交互的方式，估计能为交互提供的支持级别，预计交互活动的复杂程度等。如图 3-27 所示为网页游戏界面中的交互设计。

图 3-26　高保真网页游戏模型

网页游戏中的所有交互都需要经过仔细的推敲和测试，而确定了界面的交互设计后，设计师就可以开始继续 UI 设计工作。

图 3-27　网页游戏界面中的交互设计

▶ 3.3.4　UI 设计

在 UI 设计过程中，需要让精心设计的互动流程拥有漂亮而吸引人的视觉，具备足够强烈的情感吸引力。

接下来就需要对游戏界面中的各种元素进行视觉效果设计了。设计师可以使用各种绘图软件来辅助绘制游戏 UI 界面图形，需要依次绘制出游戏中的所有界面效果，并且详细地列出每一个界面中所包含的图像和按钮等。图 3-28 所示为精美的网页游戏 UI。

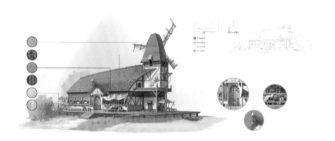

图 3-28　精美的网页游戏 UI

在开始设计游戏 UI 解决方案的过程中，设计师首先应从配色着手。为了更好地匹配客户和用户的需求，设计师可以为客户提供两个不同的配色方案。而诸如车辆、标识、武器、障碍物等游戏元素也在之前的原型基础上进行重新设计，赋予它们更为新鲜原创的视觉，如图 3-29 所示。

图 3-29　不同网页游戏配色

游戏界面交予程序人员实现之后，要反复与策划人员和多数玩家交流，确定使用过程中所存在的问题和期望值之间的差距。这个设计过程需要反复多次，图 3-30 所示为经过检测的网页游戏 UI 设计。

图 3-30　经过检测的网页游戏 UI 设计

小技巧：用不同色彩表达优先级

UI 界面中，每屏都有许多不同的按钮，设计师使用不同的色彩来进行着色，便于用户对它们进行区分。游戏开始的按钮是最为关键的按钮，应最为显著，优先级比其他次要按钮更高，相应的图标也被设计成和主视觉更为匹配的风格。

☆ 提示

完成游戏的交互效果开发后必须经过严格的测试，以便及时发现错误，对游戏进行改进和完善。

3.4 网页游戏 UI 的设计原则

在对网页游戏 UI 进行设计时应该遵守一定的设计原则，这样所设计出来的网页游戏才能够让游戏玩家很容易地认知、掌握，并且由于游戏本身情节的推进，界面的变化应该符合游戏用户的需求。

▷ 3.4.1 游戏界面风格统一

用户想要游戏界面风格统一，设计师就要使得游戏界面中的任务、信息表达和界面控制等内容的外观模式和操作模式保持一致。

因为统一的设计风格能够加快玩家根据以往经验积累进行对游戏界面本身的认知，进而影响着游戏界面的易学性和易用性。所以要求同一款网页游戏中，所有的菜单选项、对话框、用户输入框、信息显示和其他功能界面均保持统一的风格。网页游戏界面风格统一主要包括以下几个方面。

1）界面布局一致性

从进入游戏的主画面到详细的对话框的设计风格，游戏中各种控件的排列、位置和大小尺寸等，在整个网页游戏的所有界面中都要保持一致。

2）操作方法一致性

网页游戏界面中响应控制设备的设计，如对键盘中 Enter 键、Esc 键、鼠标等操作方法的定义应该尽可能与操作系统上的定义一致，如 Enter 键对应"确认"操作，Esc 键对应"取消"操作等。

3）语言描述一致性

在游戏界面中的项目名称、功能名称、提示语句、错误信息等的信息描述方式和表现效果要统一，与游戏中的相关术语尽量一致。图 3-31 所示为风格统一的网页游戏 UI 设计。

图 3-31　风格统一的网页游戏 UI 设计

微视频

☆练一练——设计制作"米亚，快跑！"网页游戏的动态元素☆

源文件：第 3 章 \3-4-1.psd　　　视频：第 3 章 \3-4-1.mp4

• 案例分析

本案例设计制作"米亚，快跑！"网页游戏的动态元素。由于此案例和上一个案例共同构成了"米亚，快跑！"的游戏界面，所以为了游戏设计风格的统一，设计师将延续上一个案例的 Q 版卡通类设计风格，来完成网页游戏中的"动态"元素的设计。图像效果如图 3-32 所示。

网页游戏的背景色采用了青色，它和绿色同属于冷色调，为了不让游戏界面显得过于冷淡和疏离，设计师将游戏的动态元素（跑动的老鼠、摇曳的花朵和不断变换位置的加分项）的配色设计，统统加入鲜艳的红色。

图 3-32　图像效果

• 制作步骤

Step 01 打开"第 3 章 \3-2-4.ai"文件，使用"矩形工具"在画布中单击拖曳创建矩形路径，如图 3-33 所示。使用"椭圆工具"在画布中单击拖曳创建椭圆路径，如图 3-34 所示。

图 3-33 创建矩形路径 1　　　　　　　图 3-34 创建椭圆路径 1

Step 02 使用"椭圆工具"在画布中单击拖曳创建椭圆路径，如图 3-35 所示。使用"椭圆工具"在画布中单击拖曳创建椭圆路径，如图 3-36 所示。

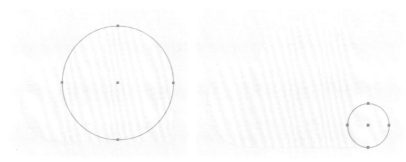

图 3-35 创建椭圆路径 2　　　　　　　图 3-36 创建椭圆路径 3

Step 03 使用"选择工具"将相关路径选中，打开"属性"面板，单击"单击以进行联集"按钮，如图 3-37 所示。此时将选中的多个路径创建为一个复合路径，图像效果如图 3-38 所示。

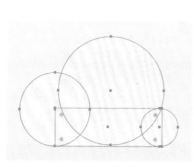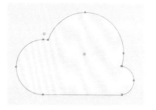

图 3-37 选中相关路径、单击以进行联集　　　　图 3-38 多个路径创建为一个复合路径

Step 04 使用 Step01 ～ Step03 的绘制方法，完成网页游戏界面中的其余"云朵"路径，如图 3-39 所示。使用"文字工具"在画布中单击输入文字，如图 3-40 所示。

图 3-39　完成相似路径

图 3-40　输入文字

Step 05 使用"圆角矩形工具"在画布中单击拖曳创建圆角矩形路径，如图 3-41 所示。使用"矩形工具"在画布中连续单击拖曳创建两个矩形路径，如图 3-42 所示。

图 3-41　创建圆角矩形路径

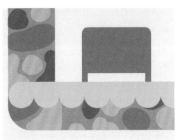

图 3-42　创建矩形路径 2

Step 06 使用"矩形工具"在画布中连续单击拖曳创建一个矩形路径，如图 3-43 所示。使用"矩形工具"在画布中单击拖曳创建一个矩形路径，如图 3-44 所示。

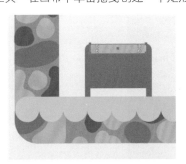

图 3-43　创建矩形路径 3

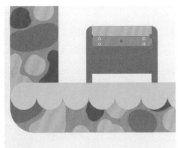

图 3-44　创建矩形路径 4

Step 07 使用"矩形工具"在画布中连续单击拖曳创建多个矩形路径，如图 3-45 所示。使用 Step05 ～ Step07 的绘制方法，完成相似元素的制作，如图 3-46 所示。

Step 08 使用"矩形工具"在画布中单击拖曳创建矩形路径，使用"锚点工具"单击拖曳矩形路径的左下角和右下角的锚点，如图 3-47 所示。使用"椭圆工具"在画布中连续单击拖曳创建椭圆路径，如图 3-48 所示。

图 3-45 创建多个矩形路径

图 3-46 创建相似元素

图 3-47 创建矩形路径、调整锚点

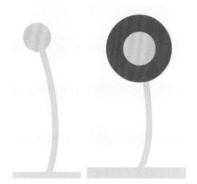

图 3-48 创建椭圆路径 4

Step 09 使用 Step08 的绘制方法，完成如图 3-49 所示的"花朵"元素。选中"花朵"元素，按住 Alt 键的同时使用"选择工具"向任意方向拖曳，连续多次复制"花朵"元素，如图 3-50 所示。

图 3-49 绘制相似路径

图 3-50 连续复制元素

Step 10 使用"椭圆工具"在画布中单击拖曳创建椭圆路径，按组合键 Ctrl+R 调出标尺，将鼠标光标放置在标尺上方，单击并向下拖曳创建参考线，如图 3-51 所示。使用"添加锚点工具"在椭圆路径和参考线的交汇处添加锚点，如图 3-52 所示。

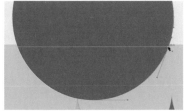

图 3-51　创建椭圆路径 5　　　　图 3-52　添加两个锚点

Step 11 使用"删除锚点工具"在椭圆路径的底部锚点处单击，如图 3-53 所示删除锚点。使用"锚点工具"调整椭圆路径和参考线交汇处的锚点，如图 3-54 所示。

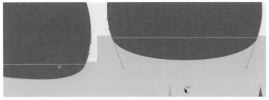

图 3-53　删除锚点　　　　　　　　　图 3-54　调整锚点

Step 12 使用"椭圆工具"在画布中连续单击拖曳创建两个椭圆路径，如图 3-55 所示。创建两个椭圆路径，同时选中两个路径，单击"属性"面板中的"单击以减去顶层"按钮，图像效果如图 3-56 所示。

Step 13 使用 Step10 ～ Step11 的绘制方法和"钢笔工具"，完成如图 3-57 所示的元素创建。继续使用"椭圆工具"在画布中单击拖曳创建椭圆路径，如图 3-58 所示。

图 3-55　创建椭圆路径 6　　图 3-56　减去顶层　　图 3-57　完成元素　　图 3-58　创建椭圆路径 7
　　　　　　　　　　　　　　的图像效果　　　　　创建

Step 14 使用"钢笔工具"在画布中连续单击拖曳创建"眼睛"路径，并使用"锚点工具"调整锚点，如图 3-59 所示。使用"钢笔工具"在画布中连续单击拖曳创建"尾巴"路径，如图 3-60 所示。

Step 15 选中"老鼠"元素，按下 Alt 键的同时向下拖曳复制元素，如图 3-61 所示。

图 3-59　创建"眼睛"路径　　　图 3-60　创建"尾巴"路径

使用相同方法完成相似内容的制作，网页游戏界面绘制完成。网页游戏界面的图像效果如图 3-62 所示。

图 3-61　复制元素　　　　　　　图 3-62　网页游戏界面的图像效果

☆ 提示

网页游戏界面中的"绿草"元素，首先需要使用"椭圆工具"创建 4 个椭圆路径，将 4 个椭圆路径全部选中然后单击属性面板中的"单击以进行联集"按钮。继续使用"矩形工具"创建矩形路径，再将两个路径选中，单击"属性"面板中的"单击以减去顶层"按钮，最终形成"绿草"元素，如图 3-63 所示。

图 3-63　"绿草"元素

使用"钢笔工具"在画布中连续单击创建不规则路径，再使用"锚点工具"调整不规则路径中的每个锚点，如图 3-64 所示。

图 3-64　调整不规则路径的锚点

▶ 3.4.2　游戏界面易操控

　　游戏界面的易用性的主要内容是使界面具有很强的直观性，功能直观、操作简单、状态明了的游戏界面才能让游戏玩家更加容易操控游戏。游戏界面的易用性原则通常包括以下几个方面。图 3-65 所示为清晰易用的网页游戏 UI 设计。

- 界面中尽量采用形象化的图标和图像。
- 尽量与同类型的游戏保持一致或相近的操作设计。
- 尽量提供充分的提示信息和帮助信息。

图 3-65　清晰易用的网页游戏 UI 设计

3.4.3　游戏界面要美观友善

网页游戏界面需要足够的友善，能够及时防止出现诸如退出游戏没有存档、创意游戏失败之类的错误，这就要求游戏界面具有很好的容错性。在游戏界面设计中提供容错性的方法如表 3-3 所示。

表 3-3　游戏界面设计中提供容错性的 3 种方法

重要的操作提醒	玩家在进行一些有重大影响的操作时，及时地提醒用户可能引起的后果。比如在删除或覆盖游戏存档时应该弹出对话框，对玩家进行询问等
自动纠正玩家错误	对于游戏玩家的错误操作进行系统自动的更正。比如在策略类游戏中，一方玩家给予友方玩家资源的输入数量大于目前自己本身有的数量时，系统自动调整到最大可给予对方的资源数量
操作完整性检查	检查玩家操作的完整性，防止玩家疏忽，遗漏必要的操作步骤

3.4.4　游戏界面要简洁易用

网页游戏的界面需要尽量做到精简，以免太多的按钮和菜单出现在画面上，并且过于华丽的修饰也会干扰玩家，很可能分散玩家的注意力，使玩家不能集中精力于游戏世界。操作界面应该尽量做到简单明确，并且尽量少占用屏幕空间。图 3-66 所示为简洁易用的网页游戏 UI 设计。

图 3-66　简洁易用的网页游戏 UI 设计

3.4.5 增强玩家的沉浸感

游戏界面中的各个元素有助于维持玩家直接参与游戏世界的幻想，图形元素可以让玩家在视觉上体验游戏世界的环境、活动和地方特色，音乐和声音效果创建了一种特殊的情调，并使游戏的事件显得更栩栩如生。

增强游戏用户沉浸感的一种方法就是将界面的元素设计成为游戏世界中的一部分，所有的图形视觉元素与整个游戏场景完美地结合在一起。图 3-67 所示的网页游戏 UI 设计，界面中的元素和整体形成了密不可分的画面，这可以很好地增强玩家的沉浸感。

图 3-67　网页游戏需要增强玩家的沉浸感

☆练一练——设计制作"闪光星球"网页游戏的钥匙按钮☆

源文件：第 3 章 \3-4-5.psd　　　视频：第 3 章 \3-4-5.mp4

微视频

• 案例分析

本案例设计制作"闪光星球"网页游戏的钥匙按钮。钥匙按钮作为网页游戏的点击元素，必须设计得既精致美观又符合界面设计风格。由于"闪光星球"游戏的用户群体针对的是年轻女性，所以设计师将网页游戏的设计风格确定为二次元动漫类。

设计二次元动漫类的游戏界面元素时，必须考虑大部分玩家的用户体验。用户体验的第一要义就是增强玩家的沉浸感，所以针对用户群体的年龄、性别和潜意识观点进行分析，最终确定网页游戏的元素具备颜色鲜艳、立体感强、多高光和精致华丽等特点。"闪光星球"网页游戏的钥匙按钮图像效果如图 3-68 所示。

图 3-68　图像效果

• 制作步骤

Step01 打开 Illustrator CC 软件，单击欢迎面板中的"新建"按钮，在弹出的"新建文档"对话框中设置如图 3-69 所示的各项参数。设置完成后，单击"创建"按钮。

Step 02 使用"椭圆工具"在画布中单击拖曳创建椭圆路径，单击工具箱中的"渐变工具"按钮，在打开的"渐变"面板中设置颜色参数，如图 3-70 所示。

图 3-69　新建文件

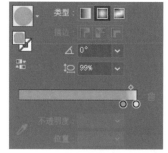
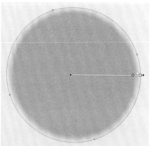

图 3-70　创建椭圆路径并设置渐变颜色

Step 03 使用"椭圆工具"在画布中单击拖曳创建椭圆路径，如图 3-71 所示。单击工具箱中的"渐变工具"按钮，在打开的"渐变"面板中设置颜色参数，如图 3-72 所示。

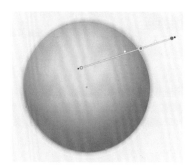
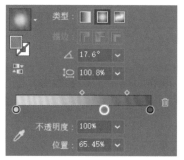

图 3-71　创建椭圆路径　　　　　图 3-72　设置渐变颜色

Step 04 使用组合键 Ctrl+R 调出标尺，并使用"选择工具"从标尺处单击向下拖曳创建参考线，如图 3-73 所示。使用"矩形工具"在画布中单击拖曳创建矩形路径，如图 3-74 所示。

Step 05 按下 Alt 键的同时向任意方向拖曳矩形路径，得到完成复制的矩形路径，当鼠标光标变为↱时，旋转矩形路径的角度，如图 3-75 所示。

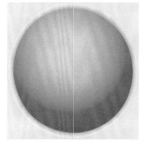

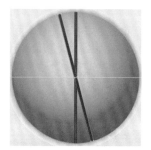

图 3-73　创建参考线　　　图 3-74　创建矩形路径　　　图 3-75　复制矩形路径并旋转角度

Step06 使用 Step05 的绘制方法，完成其余矩形路径的制作。选中所有矩形路径并单击"属性"面板中的"单击以进行联集"按钮，合并完成的图形如图 3-76 所示。继续使用"椭圆工具"在画布中单击拖曳创建椭圆路径，如图 3-77 所示。

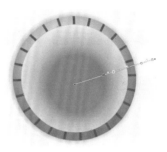

图 3-76　复制多个矩形路径、合并所有矩形路径　　　　图 3-77　创建椭圆路径

Step07 在打开的"渐变"面板中设置椭圆路径的颜色参数，如图 3-78 所示。使用"钢笔工具"在画布中连续单击拖曳创建圆环路径，设置不透明度为 20%，如图 3-79 所示。

图 3-78　设置颜色参数　　　　　　图 3-79　创建圆环路径

Step08 使用前面讲解过的绘制方法，完成网页游戏图标主体形状和高光特效的制作，如图 3-80 所示。

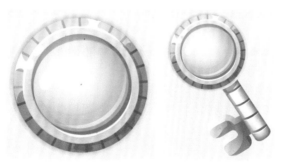

图 3-80　立体形状和高光特效的图像效果

Step09 使用"椭圆工具"和"圆角矩形工具"在画布中单击拖曳创建多个路径，选中多

个路径，图 3-81 所示。打开"属性"面板，单击"单击以进行联集"按钮，将多个路径合并，如图 3-82 所示。使用"锚点工具"和"直接选择工具"调整锚点，如图 3-83 所示。

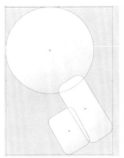  

图 3-81　创建多个路径　　　图 3-82　合并路径 1　　　图 3-83　调整锚点

Step 10 复制图标主体，如图 3-84 所示。单击"属性"面板中的"单击以进行联集"按钮，如图 3-85 所示合并路径。修改合并得到的路径颜色并调整它的图层顺序，网页游戏的"钥匙"图标如图 3-86 所示。

图 3-84　复制图标主体　　　图 3-85　合并路径 2　　　图 3-86　修改颜色

3.5　网页游戏 UI 的设计目标

以用户为中心是网页游戏界面设计的重要原则，中心问题是要设计出一个既便于游戏玩家使用，又能提供愉悦游戏体验的游戏界面。

网页游戏 UI 设计的目标包括可用性目标和用户体验目标。可用性目标是关于游戏界面本身所要承担的人机交互功能的目标，而用户体验目标则是用户对于整个游戏界面设计的使用体验。

▷ 3.5.1　可用性目标

对于可用性的定义，一般可以被概括为有用性和易用性两个方面。

有用性是指游戏界面能否实现特定的功能，而易用性是指玩家与界面的交互效率、易学性以及玩家的满意度。可用性目标体现在要求网页游戏界面具有一定的使用功能且是有效的游戏和用户的交互功能,人机交互效率要高,易于游戏玩家学习和使用,具备一定的通用性。

简单性原则是游戏界面设计中最重要的原则,简洁的游戏界面能让玩家更快地找到所需要操作的对象,提高操作效率。许多游戏界面设计人员希望把尽量多的信息放置在游戏界面中,这样一来使得玩家对界面信息的识别、检索和操作变得复杂,如图 3-87 所示。

图 3-87   简单性原则

在设计网页游戏界面时舍弃一些没有必要的图标、按钮等元素,从用户需求的角度出发,尽量根据游戏玩家的需求和任务来进行功能设定与放置界面元素,在最大化保证必要的功能和形式的美感的基础上使界面的设计更为简洁、明快和易于操作,更加符合用户可用性标准和用户体验标准。

同时,一致性原则也应该贯穿游戏界面设计的始终,不一致的游戏界面设计同样会增加用户的操作使用难度。图 3-88 所示为简单易用的网页游戏界面。

图 3-88   简单易用的网页游戏界面

▶ 3.5.2   用户体验目标

用户体验指的是游戏玩家在玩游戏、与整个游戏系统进行交互时的体验感觉,是基于游戏玩家本身主观体验的主观要求。例如,可以把一款游戏的界面设成"十分绚丽多彩的""吸引人的""有趣的""新奇好玩的"等。

　　用户体验目标注重的不是游戏界面的有效、可靠性，而是是否能让游戏用户满意、是否能增强游戏的沉浸感、是否能激发游戏玩家的创造力和满足感等。图 3-89 所示为用户体验强的网页游戏界面。

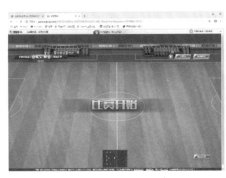

图 3-89　用户体验强的网页游戏界面

微视频

☆练一练——设计制作"闪光星球"网页游戏的关卡图标☆

　　源文件：第 3 章 \3-5-2.psd　　　　视频：第 3 章 \3-5-2.mp4

• 案例分析

　　本案例中设计制作"闪光星球"网页游戏的关卡图标，关卡图标主要包括心形主体、点亮星星和一般星星等三部分内容。网页游戏将玩家过关的条件分为 3 个等级，用两种不同的星星来区分关卡的过关程度。

　　关卡图标的主体心形和星星的设计风格一致，让玩家在游戏中获得更多的沉浸感。图 3-90 所示为网页游戏关卡图标和关卡图标的放置场景。

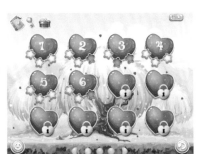

图 3-90　关卡图标和关卡图标的放置场景

• 制作步骤

Step 01 打开 Illustrator CC 软件，单击欢迎面板中的"新建"按钮，在弹出的"新建文档"对话框中如图 3-91 所示设置各项参数。设置完成后，单击"创建"按钮。

Step 02 使用"星形工具"在画布中单击拖曳创建星形路径，如图 3-92 所示。单击工具箱中的"直接选择工具"按钮，如图 3-93 所示。

Step 03 使用"直接选择工具"单击"边角点"按钮并向内拖曳，如图 3-94 所示。使用"锚点工具"和"直接选择工具"调整星形路径中的各个锚点，如图 3-95 所示。

图 3-91　新建文件　　　　图 3-92　创建星形路径　　　　图 3-93　选择"直接选择工具"

图 3-94　调整边角点　　　　　　　　　图 3-95　调整锚点

Step 04 按住 Alt 键并向上拖曳可以复制星形路径，修改星形路径的填充颜色，如图 3-96 所示。继续复制星形路径并修改填充颜色为从黄色到白色的渐变色，如图 3-97 所示。连续复制两次星形路径并将其选中，如图 3-98 所示。

图 3-96　复制星形路径　　　　图 3-97　再次复制星形路径　　　　图 3-98　复制两次星形路径

Step 05 打开"属性"面板，单击"单击以减去顶层"按钮，如图 3-99 所示。使用"直接选择工具"选中星形路径中的多余部分，如图 3-100 所示。按 Delete 键删除被选中的多余部分，如图 3-101 所示。

图 3-99　单击以减去顶层 1　　　　图 3-100　选中多余部分　　　　图 3-101　删除多余部分

Step 06 选中刚刚剪切得到的路径，修改填充颜色为白色并移动到合适的位置，如图 3-102 所示。使用相同方法完成相似内容的制作，如图 3-103 所示。

Step 07 选中所有路径，将鼠标光标放置在路径上方右击，在弹出的快捷菜单中选中"编组"选项，如图 3-104 所示。

图 3-102　修改填充颜色　　　　图 3-103　绘制相似内容　　　　图 3-104　编组路径

Step 08 打开"图层"面板，可以看到编组的路径如图 3-105 所示。使用前面讲解过的步骤，完成另一种形式的星形图标，如图 3-106 所示。

图 3-105　"图层"面板　　　　　　图 3-106　完成另一种形式的星形图标

Step09 使用"钢笔工具"在画布中连续单击拖曳创建心形路径，如图 3-107 所示。使用相同方法完成相似路径的制作，如图 3-108 所示。复制一个心形路径，继续使用"椭圆工具"在画布中单击拖曳创建椭圆路径，同时选中两个路径，如图 3-109 所示。

图 3-107　创建心形路径　　图 3-108　创建相似心形路径　图 3-109　创建路径并选中

Step10 在打开的"属性"面板中单击"单击以减去顶层"按钮，如图 3-110 所示。使用相同方法完成相似路径的合成，如图 3-111 所示。使用"椭圆工具"在画布中单击拖曳创建椭圆路径，修改路径的不透明度，如图 3-112 所示。

图 3-110　单击以减去顶层 2　图 3-111　完成相似路径的合成　图 3-112　创建椭圆路径并修改不透明度

Step11 使用相同方法完成相似路径的制作，如图 3-113 所示。使用"椭圆工具"在画布中单击拖曳创建椭圆路径，设置椭圆路径的填充颜色为从红色到黑色的径向渐变，如图 3-114 所示。打开"透明度"面板，设置各项参数如图 3-115 所示。

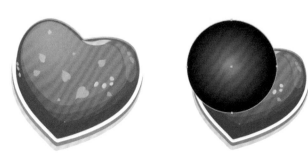

图 3-113　完成相似路径的制作　图 3-114　创建椭圆路径并设置填充颜色　图 3-115　"透明度"面板

Step**12** 设置完成后，椭圆路径的图像效果如图 3-116 所示。使用"钢笔工具"在画布中连续单击拖曳创建路径，完成数字 1 的绘制，如图 3-117 所示。复制星形路径并放置在合适的位置，如图 3-118 所示。

图 3-116　椭圆路径的图像效果　　图 3-117　完成数字 1 的绘制　　图 3-118　复制星形路径并放置在合适的位置

Step**13** 使用前面讲解过的步骤完成关卡图标 2 ～关卡图标 4 的制作，关卡图标的图像效果如图 3-115 所示。

图 3-119　关卡图标的图像效果

3.6　举一反三——设计制作网页游戏的电源图标

微视频

源文件：第 3 章 \3-6.psd　　　　视频：第 3 章 \3-6.mp4

通过学习本章的相关知识点，读者应该对网页游戏 UI 设计的分类、设计过程和设计原则有了一定的了解。下面利用所学知识，完成"闪光星球"网页游戏中电源图标的设计制作。

Step**01** 使用"椭圆工具"和"直接选择工具"完成按钮主体和高光制作，如图 3-120 所示。

Step**02** 使用"椭圆工具"和"矩形工具"完成电源图形第一层内容制作，如图 3-121 所示。

图 3-120 制作按钮主体和高光

图 3-121 制作电源图形第一层内容

Step 03 继续使用"椭圆工具"和"矩形工具"完成电源图形的制作,如图 3-122 所示。

Step 04 复制图形,修改颜色并向上移动图形,为电源图形制作质感,如图 3-123 所示。

图 3-122 完成电源图形的制作

图 3-123 为电源图形制作质感

3.7 本章小结

在本章中向读者介绍了有关网页游戏 UI 的相关知识,并通过案例操作的方法介绍了网页游戏 UI 设计的方法和技巧。完成本章内容的学习,读者应能够理解网页游戏 UI 设计的原则,并能够动手设计出精美的网页游戏 UI。

第4章

网络游戏 UI 设计

本章主要内容

网络游戏是一种十分强调人机交互的软件，其不仅要通过具有自身特点的画面将游戏的信息传达给玩家，同时也需要接收玩家输入的信息，使玩家与游戏能够真正互动起来。而游戏 UI 系统作为游戏的一种重要的人机交互媒介，是每款网络游戏都必须完善的部分。在本章中将向读者介绍有关网络游戏 UI 设计的相关知识，并通过案例的制作练习，使读者掌握网络游戏 UI 设计的方法。

4.1 了解网络游戏 UI 设计

网络游戏作为一种娱乐休闲消费产品如今已深入人们的日常生活中，在休闲娱乐过程中玩家不仅体验了游戏过程本身带来的愉悦，同时也体验了游戏界面中艺术设计带来的视觉享受。

4.1.1 网络游戏的概念

网络游戏又被叫作 "在线游戏"，英文名称为 Online Game，简称 "网游"。网络游戏是指以互联网为传输媒介，以游戏运营商服务器和用户计算机为处理终端，以游戏客户端软件为信息交互窗口的多人在线游戏。

4.1.2 网络游戏 UI 设计

网络游戏 UI 设计对于玩家的作用就是实现娱乐、休闲、交流、取得虚拟成就并具有可持续性的层面。图 4-1 所示为网络游戏 UI 设计。

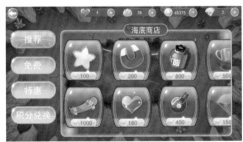 

图 4-1 网络游戏 UI 设计

4.1.3 网络游戏的特点

网络游戏与单机游戏相比，最大的不同之处在于，网络游戏中的玩家必须通过互联网连接来进行多人游戏。网络游戏的特点是，大多数玩家都会有一个专属于自己的角色（虚拟身份），而一切角色资料以及游戏资讯均记录在服务端。

具体来说就是，网络游戏一般由多名玩家通过计算机网络在虚拟的环境中对人物角色和场景按照一定的规则进行操作，以达到娱乐和互动目的。而单机游戏模式则多为人机对战。因为其不能连入互联网，导致玩家与玩家的互动性相对较差。如图 4-2 所示。

图 4-2 网络游戏 UI 设计

网络游戏是由公司所架设的服务器来提供游戏渠道，玩家们通过公司所提供的客户端来连上公司服务器以进行游戏，现称之为网络游戏的大都属于此类型。网络游戏大部分来自欧美以及亚洲地区，大型网络游戏有World of Warcraft（魔兽世界）（美）、穿越火线（韩国）、EVE（冰岛）、战地（Battlefield）（瑞典）、最终幻想14（日本）、梦幻西游（中国）等。

4.2 网络游戏 UI 设计类别

清晰地了解游戏的类别对 UI 设计师来说是非常必要的。虽然，游戏设计也属于应用设计的范畴，适用 UI 设计的一般性原则作指导，但是游戏毕竟有着自身不同的地方。

▶ 4.2.1 按游戏种类划分

网络游戏按游戏种类划分可以分为 4 种，分别为休闲网络游戏、传统棋牌类游戏、网络对战类游戏和角色扮演类游戏等。

1）休闲网络游戏

登录游戏厂商提供的游戏平台进行个人或多人的游戏，例如 QQ 游戏平台、联众游戏大厅等。图 4-3 所示为 QQ 游戏大厅界面。

2）传统棋牌类游戏

斗地主、象棋、五子棋等，腾讯、人人、开心旗下都有此类游戏。图 4-4 所示为《斗地主》游戏界面。

图 4-3　QQ 游戏大厅界面　　　　　　　图 4-4　《斗地主》游戏界面

3）网络对战类游戏

通过网络服务器或局域网，进行人机对战或玩家相互对战，例如《CS》《穿越火线》《DOTA》等。此类游戏一般都会有一个在线平台（如浩方游戏平台），玩家可以登录游戏平台组队进行 PK。图 4-5 所示为《穿越火线》游戏界面。

4）角色扮演类游戏

此类游戏一般都有较大的客户端，对计算机、手机的硬件配置有一定的要求。玩家在游戏中扮演一个角色进行任务，完成一定的目标，获得荣誉，例如《九阴真经》《裂隙》等。图4-6 所示为《九阴真经》游戏界面。

图 4-5　《穿越火线》游戏界面　　　　　　图 4-6　《九阴真经》游戏界面

小技巧：设计师清晰明了地知道游戏类别的作用

如果用户在体验游戏和商务应用的使用预期不同，将破坏玩家对游戏视觉、逻辑和交互等内容的好感。因此，在设计一款游戏前，设计师需要做到胸有成竹，明确地知道它属于哪一个游戏类别，这个类别有哪些玩家喜爱的游戏，常用的视觉元素和交互逻辑是什么样子的。然后按照这个思路去分析该游戏 UI 设计和用户群体的特点才能创造出更好的网络游戏。反之，对需要做的游戏没有清晰的认识，完全照搬游戏 UI 设计的原则和规范，只会适得其反。

▶ 4.2.2　按游戏模式划分

网络游戏按游戏模式划分可以分为 10 种类型，分别为角色扮演、动作游戏、冒险游戏、策略游戏、格斗游戏、射击游戏、益智游戏、竞速游戏、体育游戏和音乐游戏等类型。

1）角色扮演

角色扮演游戏是由玩家扮演一个或多个游戏中的角色，有一套完整丰富的故事背景。伴随着游戏剧情的发展，玩家需要利用角色自身的特点、技能，结合自己的操作和策略战胜敌人，完成某一既定目标，例如《无尽之剑》《魔兽世界》等。图 4-7 所示为《魔兽世界》游戏界面。

2）动作游戏

在动作游戏中，玩家控制游戏中的角色利用自身的技能和武器想尽办法摧毁对手。这类游戏更强调战斗的爽快感，以打斗、过关斩将为主，操作相对简单、容易上手，游戏节奏相对紧凑，对于故事背景和剧情的要求相对不高，例如《超级马里奥》《合金弹头》《波斯王子》《三国无双》等。图 4-8 所示为《超级马里奥》游戏界面。

3）冒险游戏

在冒险游戏中，由玩家操作游戏角色进行虚拟的冒险。该类游戏的任务剧情往往是单线程的。游戏过程强调的是根据某一线索进行游戏，因此与传统的角色扮演游戏还是有一定区别的，例如《生化危机》《古墓丽影》等。图 4-9 所示为《古墓丽影》游戏界面。

图4-7　《魔兽世界》游戏界面

图4-8　《超级马里奥》游戏界面

4）策略游戏

在策略游戏中，由玩家控制一个或多个角色与NPC（非玩家控制角色）或者其他玩家进行较量。策略类游戏分为两种：一种是回合制的游戏，《三国志》系列游戏有很广泛的玩家基础，玩家与NPC势力进行各种较量，最后统一全国。另一种是即时策略战略类游戏，即时性较强，例如《帝国文明》《DOTA》等。图4-10所示为《DOTA》游戏界面。

图4-9　《古墓丽影》游戏界面

图4-10　《DOTA》游戏界面

5）格斗游戏

在格斗游戏中，操作一个角色和玩家或计算机进行PK。此类游戏，基本没有故事剧情，战斗的场景也相对简单，一般有血、魔法、怒气、体力槽，有固定的出招方式和操作，讲究角色的实力平衡性，例如《侍魂》《街头霸王》等。图4-11所示为《侍魂》游戏界面。

6）射击游戏

注意不要和《CS》《穿越火线》之类的游戏弄混淆，这里所说的是玩家控制飞行物或坦克等进行的游戏，一般以第一视角和第三视角居多，例如《突击》《枪神纪》等。图4-12所示为《枪神纪》游戏界面。

7）益智游戏

益智游戏需要玩家开动脑子，通过自己的策略达到目的，有助于大脑健康、儿童智力的开发，例如《植物大战僵尸》《机械迷城》等。图4-13所示为《植物大战僵尸》游戏界面。

8）竞速游戏

竞速游戏中，在虚拟世界操作各类赛车，与玩家进行比赛。游戏紧张刺激，且需要一定的操作技术，深受玩家的热捧，例如《极品飞车》《QQ飞车》等。图4-14所示为《极品飞车》游戏界面。

图 4-11　《侍魂》游戏界面

图 4-12　《枪神纪》游戏界面

图 4-13　《植物大战僵尸》游戏界面

图 4-14　《极品飞车》游戏界面

9）体育游戏

当前的体育游戏类型很广泛，足球、篮球最受玩家欢迎，特别是 3D 引擎技术的运用使游戏富有真实感，例如《FIFA》《NBA》等。图 4-15 所示为《FIFA》游戏界面。

10）音乐游戏

音乐游戏可以培养玩家的节奏感和对音乐的感知，伴随着美妙的音乐，有的需要玩家跳舞，有的需要熟练的指法操作。音乐游戏一直以来都是乐迷们的最爱，例如《吉他英雄》《劲舞团》等。图 4-16 所示为《QQ 炫舞》游戏界面。

图 4-15　《FIFA》游戏界面

图 4-16　《QQ 炫舞》游戏界面

4.3 网络游戏 UI 的设计要求

界面是游戏中所有交互的门户，不论是使用简单的游戏操作杆，还是运用具有多种输入设备的全窗口化的界面，界面都是联系游戏要素和游戏玩家的纽带。如何才能够设计出良好的网络游戏界面呢？这就需要设计师在设计网络游戏界面时遵守网络游戏界面的设计要求。

▶ 4.3.1　美观易用

网络游戏需要在保持界面美观性的同时为玩家提供导向性明确的操作流程，并且保持游戏逻辑直接而不跳跃。同时设计师应该根据游戏的核心功能去简化内容复杂度，有效地减少玩家的思考时间和完成任务的难度。

上述的网络游戏 UI 设计，可以使用户消除疑惑并且快速作出选择，一定程度上降低玩家的耐心消耗，使其对该网络游戏始终保持较高的体验热情。图 4-17 所示为美观易用的网络游戏 UI 设计。

图 4-17　美观易用的网络游戏 UI 设计

☆ 提示

对于任何事物好坏的评判，由于每个人所站角度不同，观点也就各不相同，这导致每一个人对于一件事物的最终看法也千差万别。一般情况下，玩家不会过度关注网络游戏 UI 设计中的视觉细节感受，而网络游戏 UI 的交互方式和界面信息罗列的繁简程度反而是玩家最容易注意到的。

▶ 4.3.2　简单亲和

渐进的呈现和任务拆分可以减少玩家的思考，从而降低游戏难度，让玩家对接下来的游戏内容产生一定的信心。

为了可以快速处理信息，人类的大脑会自行将获得的信息归类整合，因而清晰明了的信息更容易让玩家沉浸到游戏中，并产生一定的愉悦感。图 4-18 所示为简单亲和的网络游戏 UI 设计。

图 4-18　简单亲和的网络游戏 UI 设计

尽量把用户手册结合到游戏当中，避免让游戏玩家去看书面的文字，这通过优秀的界面设计是可以解决的。如果有一幅让游戏玩家使用的地图，就不要让它成为文档的一部分，应该把它设计成屏幕上的图形。

4.3.3　情感联系

游戏的每一处信息都传达着产品的整体调性，前期的登录和新手引导部分会给玩家产生先入为主的心理效应，很容易影响玩家对这个游戏的印象。

用户需要提示反馈的帮助，仅提示并没有实际的帮助会造成困扰，因此需要考虑与用户互动是否符合真实人际交往的规则。图 4-19 所示为拥有情感联系的网络游戏 UI 设计。

图 4-19　拥有情感联系的网络游戏 UI 设计

对于大部分在 Windows 环境下设计的游戏都不要运用常规的 Windows 界面。如果这么做的话，就又在提醒玩家们正在使用计算机。应该运用其他的对象作为按钮并重新定制对话框，尽量避免菜单等可能提醒玩家正在运用计算机的对象。

▶ 4.3.4　可延续性

　　网络游戏 UI 设计不仅仅需要美观、惊艳，还需要确保效果在开发阶段能够被准确地实现。用户切换不同的系统界面可以轻松作出预期操作，这将降低用户认知负担并能减少用户发生错误选择的可能性。图 4-20 所示为拥有可延续性的网络游戏 UI 设计。

图 4-20　拥有可延续性的网络游戏 UI 设计

小技巧：降低计算机的影响

　　降低计算机的影响是交互性中一个比较抽象的概念。在设计一款游戏特别是设计游戏界面时，应该尽量让游戏玩家忘记他们正在使用计算机，这样会让他们感觉更好一些。尽量使游戏开始得又快又容易，玩家进入一个游戏的时间越长，越会意识到这是一个游戏。好的游戏会尽量避免这种情况的发生，做到让玩家有一种身临其境的感觉，让他们认为游戏中的角色就是自己。

4.4　网络游戏与传统单机游戏

　　在网络游戏发展的早期，整个游戏场景画面都被称作游戏界面，尤其是 2D 游戏中的文字类游戏，完全是以整个画面在构建游戏。图 4-21 所示为 2D 网络游戏 UI 界面。

图 4-21　2D 网络游戏 UI 界面

随着 3D 技术的发展，网络游戏的场景越来越趋近于现实，如图 4-22 所示。游戏界面系统也逐渐被独立出来。游戏界面系统特指游戏中显示游戏信息的 2D 静态框体，例如人物的血槽、角色对话框以及获得的分数显示等。

在形式上，网络游戏界面系统在整个游戏过程中保持不变，游戏的客户端显示就相当于游戏场景加上游戏静态界面，这与 Windows 操作系统中的图形界面并不完全一样， 如图 4-23 所示。

图 4-22 趋近于现实的游戏场景 　　　　　图 4-23 游戏界面系统

在家用游戏机平台，游戏的卖点主要是其可玩性，所以对界面的要求不高，它只要能输出显示信息就可以了，输入信息的处理主要是对游戏中的人物。

而网络游戏的主要乐趣就在其虚拟社区的交互性，所以相比较传统单机游戏，网格游戏的界面需要处理更多键盘鼠标输入的信息，界面系统的复杂程度也就高很多。图 4-24 所示为具有虚拟交互的网络游戏。

图 4-24 具有虚拟交互的网络游戏

4.5 角色扮演类游戏 UI 设计

游戏的界面跟产品的外观和功能一样，需要能够吸引玩家并且易用。本节将带领读者完成《天元御剑》大型网络游戏的 UI 设计，该款游戏是一款角色扮演类网络游戏，在游戏 UI 设计过程中需要注意界面设计的风格与游戏的设计风格保持一致。图 4-25 所示为该款网络游戏界面设计制作完成后的图像效果。

图 4-25　图像效果

▶ 4.5.1　网络游戏的公共元素设计

网络游戏正逐渐向大众化和多元化的方向发展，看似很复杂的网格游戏界面，在设计的过程中只需要把握好游戏的风格和特点，并且在 UI 元素的设计过程中能够突出游戏的风格即可，如图 4-26 所示。

图 4-26　游戏 UI 中的元素设计

现如今的网络游戏因技术的完善和强大，其中的视觉元素的设计手段越来越丰富，这极大地提升了网络游戏 UI 设计的视觉效果。

视觉元素的多元化也同时暴露了游戏 UI 设计的弊端，设计师在强化游戏界面视觉效果的过程中容易弱弱它的完整性，造成眼花缭乱和画蛇添足的感觉。在技术手段丰富的同时，设计师更要把握游戏 UI 设计的整体性，完美体现它的人性化一面。

☆练一练——设计制作《天元御剑》游戏的界面公共元素☆

微视频

源文件：第 4 章 \4-5-1.psd　　　视频：第 4 章 \4-5-1.mp4

• 设计分析

本案例设计制作《天元御剑》网络游戏的界面公共元素。首先设计师需要确定游戏的设

计风格，其次设计师需要将界面公共元
素和网络游戏的设计风格相统一，确保
游戏界面的完整性和统一性。

　　案例制作过程中，设计师需要将
游戏界面中的"血量""魔力"和"力
量"等公共元素设计为外观相似却又可
以被明显区分开的模块，用以清晰明了
地告诉玩家这三个模块的作用和等级。
其余公共元素也是如此设计。图 4-27
所示为拥有统一性的游戏公共元素。

图 4-27　拥有统一性的游戏公共元素

• 制作步骤

Step01 打开 Photoshop CC 软件，单击欢迎面板中的"新建"按钮，在弹出的"新建文
档"对话框中设置如图 4-28 所示的各项参数。设置完成后，单击"创建"按钮。

Step02 打开"字符"面板，设置各项字符参数，使用"横排文字工具"在画布中单击输
入文字，字符参数和文字内容如图 4-29 所示。

图 4-28　新建文件　　　　　　　图 4-29　设置字符参数并输入文字

☆ 提示

用户在画布中输入"蓝灵·萝莉"等文字时，·的字体为"方正舒体"，文字颜色为 RGB（110、
53、34）。

Step03 打开"图层"面板，单击面板底部的"添加图层蒙版"按钮，"图层"面板如图
4-30 所示。单击工具箱中的"画笔工具"按钮，在选项栏的"画笔预设"选取器中设置笔触
类型和大小，使用"画笔工具"在蒙版中的文字上涂抹，如图 4-31 所示。

☆ 提示

使用"画笔工具"绘制图像时，输入法选择英文录入状态，用户可以使用快捷键 [和] 快速放
大或缩小画笔笔触的大小。

图4-30 "图层"面板　　　　　　　图4-31 设置笔触并在蒙版中绘制

Step04 打开"第4章\45101.png"文件，使用"移动工具"将其拖曳到设计文档中，如图4-32所示。在打开的"图层"面板中选中图层右击，在弹出的快捷菜单中选择"创建剪贴蒙版"选项，修改混合模式为"叠加"，图像效果如图4-33所示。

图4-32 添加素材图像1　　　　　　图4-33 创建剪贴蒙版并修改混合模式

Step05 在打开的"图层"面板中双击图层缩览图，在弹出的"图层样式"对话框中设置各项参数，如图4-34所示。设置完成后，单击"确定"按钮，图像效果如图4-35所示。

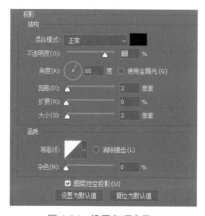

图4-34 设置各项参数　　　　　　　图4-35 图像效果1

Step06 使用 Step01 ～ Step05 的绘制方法，完成相似文字内容的制作，图像效果如图 4-36 所示。打开名为 "45101.png" 的素材图像，使用 "移动工具" 将其拖曳到设计文档中，如图 4-37 所示。

蓝灵·萝莉

血量　　　　　　　45%

魔力　　　　　　　65%

力量　　　　　　　65%

图 4-36　绘制相似文字内容　　　　　　图 4-37　添加素材图像 2

Step07 使用 "矩形工具" 在画布中单击拖曳创建 400×4px 的矩形形状，图像效果如图 4-38 所示。复制矩形形状，在打开的 "属性" 面板中修改形状的填充颜色，选择 "蒙版" 选项后设置形状的羽化值为 4px，如图 4-39 所示。

图 4-38　创建矩形形状　　　　　　图 4-39　修改填充颜色并设置羽化值

☆ 提示

复制得到的矩形形状，修改其填充颜色为 RGB（255、255、255），并设置羽化值为 4px，完成后充当矩形形状的高光装饰元素。

Step08 使用 "多边形工具" 在画布中单击拖曳创建五角星形状，如图 4-40 所示。双击图层缩览图，在弹出的 "图层样式" 对话框中选择 "斜面和浮雕" 选项，设置如图 4-41 所示的各项参数。继续选择 "内发光" 选项，设置如图 4-42 所示的各项参数。

Step09 在打开的 "图层样式" 对话框中选择 "渐变叠加" 选项，设置如图 4-43 所示的各项参数。继续选择 "外发光" 选项，设置如图 4-44 所示的各项参数。最终选择 "投影" 选项，设置如图 4-45 所示的各项参数。

图 4-40　创建五角星形状　　　图 4-41　设置"斜面和浮雕"参数　　　图 4-42　设置"内发光"参数

图 4-43　设置"渐变叠加"参数　　　图 4-44　设置"外发光"参数　　　图 4-45　设置"投影"参数

Step 10 设置完成后，单击"确定"按钮，图像效果如图 4-46 所示。复制"多边形 1"图层，清除图层样式，修改填充颜色为从黑色到白色的菱形渐变，在打开的"图层"面板中选中图层右击，在弹出的快捷菜单中选择"栅格化图层样式"选项，如图 4-47 所示。

图 4-46　图像效果 2　　　　　　图 4-47　复制图层并栅格化图层样式

Step11 在打开的"图层"面板中设置混合模式为"叠加"选项，不透明度为 40%，图像效果如图 4-48 所示。新建图层，按住 Ctrl 键的同时单击"多边形 1"图层的缩览图，调出图层选区并为其填充从白色到透明径向渐变，如图 4-49 所示。

图 4-48　"图层"面板和图像效果　　　　　　图 4-49　调出选区并填充渐变色

Step12 使用"橡皮擦工具"在画布的选区中涂抹，擦除选区中多余部分，如图 4-50 所示。取消选区，打开"图层"面板，修改图层混合模式和不透明度，如图 4-51 所示。

Step13 复制"多边形 1"图层，修改形状的填充颜色并删除"斜面和浮雕"和"渐变叠加"的图层样式，如图 4-52 所示。

图 4-50　擦除多余部分　　图 4-51　修改混合模式和不透明度　　图 4-52　复制形状并修改颜色

Step14 使用 Step08 ～ Step12 的绘制方法，完成星级评定模块的制作，如图 4-53 所示。使用前面讲解过的绘制方法，完成"血量""魔力"和"力量"模块的进度条制作，如图 4-54 所示。

☆ 提示

"血量"模块的进度条底衬使用"椭圆工具"和"圆角矩形工具"结合而来，"血量"图标使用"钢笔工具"绘制而成。

  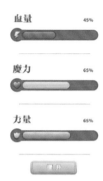

图 4-53 完成星级评定模块的制作　　图 4-54 完成"血量""摩力""力量"模块的进度条制作

4.5.2 网络游戏的界面结构设计

在设计制作网络游戏界面的过程中，除了根据前期调查确定设计风格，还需要将现有的元素摆放在合适的位置，这就需要设计师根据各个元素的功能和外观，为网络游戏界面划分结构，如图 4-55 所示。设计师可以使用 Photoshop CC 和 Axure RP 等软件进行网络游戏的结构设计，如图 4-56 所示。

图 4-55　网络游戏的结构设计　　　　图 4-56　进行网络游戏的结构设计

☆练一练——设计制作《天元御剑》游戏的界面结构☆

微视频

源文件：第 4 章 \4-5-2.psd　　　　视频：第 4 章 \4-5-2.mp4

· 设计分析

本案例设计制作《天元御剑》游戏的界面结构。因为设计制作的是网络游戏的"人物介绍"界面，所以界面由场景和对话框组成。游戏场景作为界面的背景，需要占满整个游戏界面，而人物介绍对话框则是一个有质感的长方形，应该放置在界面中央的视觉焦点。图 4-57 所示为根据网络游戏内容而划分的界面结构。

案例设计制作过程中，游戏场景由素材图像、高斯模糊滤镜和半透明的黑色遮罩等内容制作完成；游戏对话框的底框由各种圆角矩形、图层样式和高光装饰等内容制作完成，并使用圆角矩形的描边选项制作底框的皮革效果，如图 4-58 所示。

图 4-57 界面结构

图 4-58 图像效果

• 制作步骤

Step01 打开 Photoshop CC 软件，单击欢迎面板中的"新建"按钮，在弹出的"新建文档"对话框中设置如图 4-59 所示的各项参数。设置完成后，单击"创建"按钮。

Step02 执行"视图→新建参考线"命令，在弹出的"新建参考线"对话框中设置参数，连续创建 4 条，如图 4-60 所示。

图 4-59 新建文件

图 4-60 创建参考线

Step03 打开"第 4 章 \45201.png"文件，使用"移动工具"将其拖曳到设计文档中，调整大小如图 4-61 所示。执行"滤镜→模糊→高斯模糊"命令，在弹出的"高斯模糊"对话框中设置参数，如图 4-62 所示。

图 4-61 添加一张素材图像

图 4-62 设置"高斯模糊"参数

Step04 单击"确定"按钮，素材图像的模糊效果如图 4-63 所示。新建图层，使用"油漆

· 111 ·

桶工具"为画布填充黑色，在打开的"图层"面板中修改不透明度 30%，将相关图层编组并重命名，如图 4-64 所示。

图 4-63 模糊效果

图 4-64 新建图层并填充

Step05 使用"圆角矩形工具"在画布中单击拖曳创建圆角矩形形状，设置圆角值为 70px，如图 4-65 所示。在打开的"图层"面板中选中相关图层，双击图层缩览图，在弹出的"图层样式"对话框中选择"斜面和浮雕"选项，设置如图 4-66 所示的参数。

图 4-65 创建圆角矩形形状

图 4-66 设置"斜面和浮雕"参数 1

Step06 在打开的"图层样式"对话框中选择"内发光"选项，设置如图 4-67 所示的参数。设置完成后单击"确定"按钮，图像效果如图 4-68 所示。

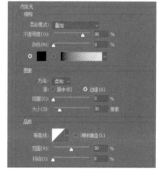

图 4-67 设置"内发光"参数

图 4-68 图像效果 1

Step07 打开"第 4 章 \45202.png"文件，使用"移动工具"将其拖曳到设计文档中，打开"图层"面板并右击，在弹出的快捷菜单中选中"创建剪贴蒙版"，修改不透明度为 40%，如图 4-69 所示。设置完成后，图像效果如图 4-70 所示。

图 4-69　"图层"面板

图 4-70　图像效果 2

Step08 使用 Step05 ～ Step07 的绘制方法，完成相似内容的制作，图像效果如图 4-71 所示。新建图层，按住 Ctrl 键的同时单击"圆角矩形 2"的图层缩览图调出选区，使用"画笔工具"在选区内涂抹白色，如图 4-72 所示。

图 4-71　图像效果 3

图 4-72　调出选区并填充白色

☆ 提示

设置前景色为 RGB（255、255、255），使用"画笔工具"在调出的圆角矩形选区内连续单击填充颜色，并设置画笔笔触为"柔边圆"，再适当调整"画笔工具"的不透明度。

Step09 使用组合键 Ctrl+D 取消选区，设置混合模式为"柔光"，如图 4-73 所示。使用 Step08 和 Step09 的绘制方法，完成相似高光内容的制作，图像效果如图 4-74 所示。

Step10 使用"圆角矩形工具"在画布中单击拖曳创建圆角矩形形状，设置圆角值为 40px 填充为无描边为 5px，单击选项栏中的"描边类型"按钮，打开"描边选项"面板，继续单击"更多选项"按钮。在弹出的"描边"对话框中设置参数，如图 4-75 所示。

图 4-73　设置混合模式　　　　　　　　　　　　　图 4-74　图像效果 4

Step 11 双击图层缩览图，在弹出的"图层样式"对话框中选择"斜面和浮雕"选项，设置如图 4-76 所示的参数。继续选择"外发光"选项，设置如图 4-77 所示的参数。

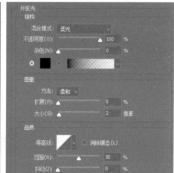

图 4-75　设置"描边"参数　　图 4-76　设置"斜面和浮雕"参数 2　　图 4-77　设置"外发光"参数

Step 12 设置完成后单击"确定"按钮，图像效果如图 4-78 所示。此时，角色扮演网络游戏的结构设计如图 4-79 所示。

图 4-78　图像效果 5　　　　　　　　　　图 4-79　角色扮演网络游戏的结构设计

☆ 提示

设置圆角矩形的大小为 1782×1105px，描边颜色为 RGB（114、55、31）。

4.5.3　网络游戏的细节优化设计

网络游戏界面的诸多视觉元素不是割裂的存在，界面中各个元素之间的关联与互通是必然的，在游戏界面设计中如何在宏观上调配、安排，从整体上把控这些视觉元素，为用户带来更好的人性化体验，是当代游戏界面 UI 设计需要深化的设计原则，如图 4-80 所示。

图 4-80　游戏 UI 设计的优化

☆练一练——设计制作《天元御剑》游戏的界面优化☆

源文件：第 4 章 \4-5-3.psd　　　视频：第 4 章 \4-5-3.mp4

微视频

• 设计分析

本案例设计制作《天元御剑》游戏的对话框装饰元素。游戏界面设计过程中，接着上一个案例继续绘制对话框的装饰元素。用户需要添加素材图像和绘制基本图形，并为图形添加相应的图层样式和纹理，表现出古风的风格。

最后，在游戏界面中合理地导入前面案例中的各种 UI 公共元素，使游戏界面整洁、美观，这样可以更好地体现出游戏的特点，便于吸引玩家目光。如图 4-81 所示为游戏界面的完整效果。

图 4-81　游戏界面的完整效果

• 制作步骤

Step01 打开"第 4 章 \4-5-2.psd"文件和"第 4 章 \45301.png"文件，使用"移动工具"将"45301.png"图像拖曳到"4-5-2.psd"文档中，如图 4-82 所示。执行"文件→存储为"命令，将文件存储为"4-5-3.psd"文件。

Step02 打开"图层"面板并双击图层缩览图，在弹出的"图层样式"对话框中选择"外发光"选项，设置如图 4-83 所示的各项参数。

Step03 在打开的"图层样式"对话框中选择"投影"选项，设置如图 4-84 所示的各项参数。设置完成后单击"确定"按钮，图像效果如图 4-85 所示。

Step04 使用 Step01 ～ Step03 的绘制方法，完成其余 3 个角的装饰添加，图像效果如图 4-86 所示。打开一张素材图像，使用"移动工具"将其拖曳到设计文档中，如图 4-87 所示。

Step05 使用"圆角矩形工具"在画布中单击拖曳创建圆角矩形形状，如图 4-88 所示。使用"添加锚点工具"在圆角矩形上连续单击添加 3 个锚点，使用"直接选择工具"选中某个锚点，将其移动到合适位置，如图 4-89 所示。

图 4-82　添加素材图像 1

图 4-83　设置"外发光"参数

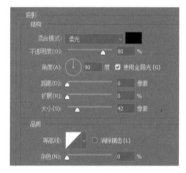

图 4-84　设置"投影"参数 1

图 4-85　图像效果

图 4-86　完成相似内容制作 1

图 4-87　添加素材图像 2

图 4-88　创建圆角矩形形状

图 4-89　添加锚点并移动位置

☆ 提示

使用"添加锚点工具"在形状上添加完 3 个锚点后,使用"直接选择工具"选中中间的锚点,
使用键盘上的方向键将其向下移动,再向右移动。

Step06 使用相同方法完成添加锚点内容的制作,图像效果如图 4-90 所示。打开"图层"
面板并双击图层缩览图,在弹出的"图层样式"对话框中选择"内发光"选项,设置如图
4-91 所示的各项参数。

Step07 继续在打开的"图层样式"对话框中选择"投影"选项,设置如图 4-92 所示的各
项参数。

  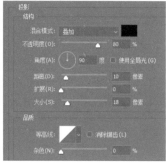

图 4-90 完成相似内容制作 2   图 4-91 设置"内发光"参数 图 4-92 设置"投影"参数 2

☆ 提示

使用 Step05 中的"添加锚点工具"和"直接选择工具"完成矩形上其余缺口图像的绘制,并适
当调整各个缺口的大小,使这些缺口显得更加逼真和立体。

Step08 在打开的"图层样式"对话框中选择"投影"选项,设置如图 4-93 所示的各项参
数。打开"第 4 章 \45305.png"文件,使用"移动工具"将其拖曳到设计文档中。

Step09 在打开的"图层"面板中右击,在弹出的快捷菜单中选择"创建剪贴蒙版"选
项,设置混合模式为"正片叠底",图像效果如图 4-94 所示。

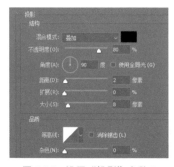 

图 4-93 设置"投影"参数 3   图 4-94 图像效果 2

Step10 将相关图层编组，"图层"面板如图 4-95 所示。使用 Step05 ～ Step09 的绘制方法，完成其他书页的制作，图像效果如图 4-96 所示。

图 4-95 "图层"面板 1　　　　　　图 4-96 完成相似内容的制作 3

Step11 新建图层，使用"矩形选框工具"在画布中单击拖曳创建选区，使用"油漆桶工具"在选区中单击填充颜色，如图 4-97 所示。取消选区后，设置图层混合模式为"正片叠底"，不透明度为 30%，图像效果如图 4-98 所示。

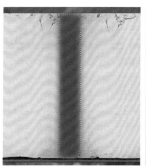

图 4-97 创建选区并填充 1　　　　　　图 4-98 图像效果 3

Step12 使用相同方法完成相似内容的制作，将相关图层编组，"图层"面板如图 4-99 所示。完成后，图像效果如图 4-100 所示。

图 4-99 "图层"面板 2　　　　　　图 4-100 图像效果 4

Step13 新建图层，使用"椭圆选框工具"在画布中单击拖曳创建选区，并为其填充白色，设置混合模式为"柔光"，如图 4-101 所示。使用相同方法完成页面中其余高光装饰的制作，如图 4-102 所示。

图 4-101　创建选区并填充 2　　　　　　图 4-102　完成相似内容的制作 4

Step14 使用"矩形工具"在画布中单击拖曳创建矩形形状，如图 4-103 所示。为矩形形状添加"外发光"和"投影"的图层样式，添加完成后图像效果如图 4-104 所示。

 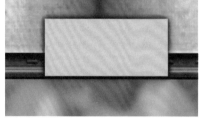

图 4-103　创建矩形形状　　　　　　　　图 4-104　图像效果 5

Step15 打开两张素材图像，使用"移动工具"将其逐一拖曳到设计文档中，将相关图层编组并重命名，调整图层顺序如图 4-105 所示。调整完成后，"图层"面板如图 4-106 所示。

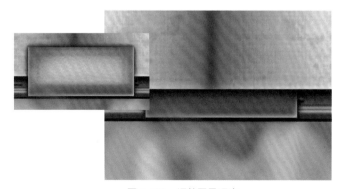 

图 4-105　调整图层顺序　　　　　　　　图 4-106　"图层"面板 3

Step16 打开"第 4 章 \4-6.psd"文件，使用"移动工具"将其拖曳到设计文档中，如图 4-107 所示。再次打开"第 4 章 \4-5-1.psd"文件，使用"移动工具"将其拖曳到设计文档中，如图 4-108 所示。

图 4-107　添加标题的图像效果

图 4-108　完整的游戏界面效果

☆ 提示

用户打开"4-5-1.psd"源文件后，删除该文件中除背景图层以外的其他所有图层，并将其摆放在对话框的合适位置上。

4.6 举一反三——设计制作网络游戏的标题组

微视频

源文件：第 4 章 \4-6.psd　　　　视频：第 4 章 \4-6.mp4

通过学习本章的相关知识点，读者应该对网络游戏 UI 设计的设计原则和游戏类别有了一定的了解。下面利用所学知识和经验，来设计制作并完成一款角色扮演网络游戏的对话框标题组。

Step01 使用素材图像和图层蒙版完成标题底框的制作，如图 4-109 所示。

Step02 使用矩形选框工具和渐变工具完成底框阴影效果的制作，如图 4-110 所示。

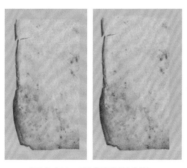

图 4-109　完成底框的制作

图 4-110　添加阴影

Step 03 使用直排文字工具和图层面板完成标题文字的制作，如图 4-111 所示。

Step 04 使用相同方法完成相似标题内容的制作，如图 4-112 所示。

图 4-111　添加文字

图 4-112　完成相似标题内容的制作

4.7　本章小结

在本章中向读者介绍了有关网络游戏 UI 设计的相关知识和几款网络游戏 UI 设计的方法。通过本章内容的学习，读者应能够理解网络游戏 UI 设计的相关知识并掌握网络游戏 UI 设计的方法，希望读者通过大量的游戏 UI 设计制作练习，早日成为出色的游戏 UI 设计师。

第 5 章

移动端游戏 UI 设计

本章主要内容

在前面的章节中已经向读者介绍了网页游戏和网络游戏的相关 UI 设计知识，在本章中将向读者介绍有关移动端游戏的 UI 设计知识，并通过移动端游戏 UI 的设计制作练习，使读者能够掌握移动端游戏 UI 的设计方法和技巧。

5.1 App 游戏 UI 设计概况

随着移动互联网的迅速发展，智能手机已经成为大众进行娱乐活动必不可少的工具。现在，使用智能手机玩游戏的人越来越多，这意味着 App 游戏 UI 设计开始流行并高速发展，许多精致美观的 App 游戏进入大众视野。

▷ 5.1.1 App 游戏的概念

App 的英文全称为 Application，在智能手机与平板计算机领域中，App 指的是安装在智能移动设备中的应用程序，也就是智能手机和平板计算机中的软件客户端，所以，它也可以被称为 App 客户端，而 App 游戏就是智能手机和平板计算机中的游戏软件客户端。

每一个 App 图标代表一个 App 软件客户端。这些 App 都是为了达到一个特定的用途而创造出来的，例如《梦幻西游》《QQ 炫舞》和《神都夜行录》等游戏。图 5-1 所示为 App 游戏图标。

图 5-1 App 游戏图标

▷ 5.1.2 不同的移动端操作系统

iOS 和 Android 系统是目前智通手机领域中普遍采用的两种操作系统，这两种操作系统在操控和界面设置方面有许多异同，这也就导致了在开发手机游戏的过程中要有针对性的开发，针对相应操作系统开发相应的游戏 UI 设计，这为移动端游戏开发带来了一定的难度。

☆ 提示

智能手机与平板计算机是指像 PC（个人计算机）一样，具有独立的操作系统，可以由用户自行安装第三方服务商提供的应用程序，并通过移动通信网络实现无线上网的一类手持移动设备。

5.2 iOS 系统游戏 UI 设计基础

iOS 系统是由苹果公司开发的手持移动设备操作系统，具体来说，是 iPhone、iPad 和 iPod touch 的默认操作系统。iOS 系统游戏即针对使用 iOS 操作系统所开发的手机游戏，在进行 iOS 系统手机游戏 UI 设计之前，首先需要了解 iOS 系统的相关知识。

▶ 5.2.1 iOS 系统的界面尺寸

现如今的市场上 iPhone 手机机型有很多，为了方便上下适配这些机型，设计师在为不同机型设计 App 界面时，要以 iPhone 6 的屏幕尺寸为标准去设计。图 5-2 所示为 iOS 系统主流设备尺寸。

▶ 5.2.2 iOS 系统的布局尺寸

基于 iOS 系统的 App 界面布局元素分为状态栏、导航栏（含标题）、工具栏／标签栏三个部分。图 5-3 所示为基于 iOS 系统的 App 软件界面。

图 5-2 iOS 系统主流设备尺寸

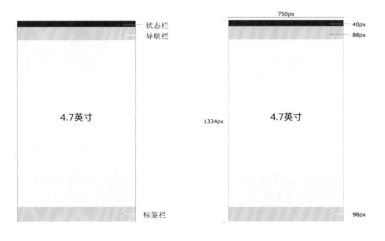

图 5-3 基于 iOS 系统的 App 软件界面

小技巧：界面布局中各个组件的释义

状态栏：状态栏显示应用程序运行状态。导航栏：导航栏显示当前 App 应用的标题名称。左侧为后退按钮，右侧为当前 App 内容操作按钮。标签栏：标签栏在界面的最下方，因此必须根据 App 的要求选择其一，工具栏按钮不超过 5 个。

☆ 练一练——设计制作连字 App 游戏界面 ☆

源文件：第 5 章 \5-2-2.psd　　　　视频：第 5 章 \5-2-2.mp4

微视频

・设计分析

本案例设计一款连字 App 游戏界面，在该游戏界面设计过程中采用扁平化的设计风格对游戏界面进行设计，使用简约的基本图形来构成整个游戏界面。图 5-4 所示为完整的游戏界面。

简单个性化已经成为目标受众的诉求点之一，连字游戏并不需要过多复杂的图形装饰，最重要的是界面中内容清晰，便于玩家的思考和操作，所以在本案例中大部分使用圆角矩形构成界面中的图形效果，并为相应的圆角矩形填充相应的色彩加以区分，使整个游戏界面清爽、简洁，使玩家能够更好地思考，更直观地进行观察。

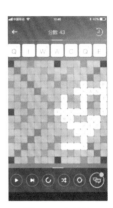

・制作步骤

Step 01 执行"文件→新建"命令，弹出"新建"对话框，新建一个空白文档，如图 5-5 所示。打开"第 5 章 \101.jpg"和"第 5 章 \52201.png"文件，将其拖入新建的文档中，如图 5-6 所示。

图 5-4　完整的
游戏界面

图 5-5　新建文件

图 5-6　打开素材图像

Step 02 使用"圆角矩形工具"在画布中单击拖曳创建圆角矩形形状，使用 Ctrl+T 组合键旋转圆角矩形形状的角度。使用"路径选择工具"，按住 Alt 键拖动刚绘制的圆角矩形，复制该圆角矩形，将复制得到的圆角矩形垂直翻转，并调整到合适的位置，如图 5-7 所示。

Step 03 使用"圆角矩形工具"在画布中单击拖曳创建形状，使用相同的制作方法，可以完成相似图形的绘制和文字的输入，如图 5-8 所示。

☆ 提示

在该游戏界面中很多图形元素的边角都是圆角的，给人一种圆润、可爱的视觉效果，所以此处的箭头图形使用 3 个圆角矩形来构成。如果边角是直角的，则可以直接使用"直线工具"或"自定形状工具"来绘制。

图 5-7 创建形状   图 5-8 完成相似内容的制作 1

Step 04 新建名称为"单词"的图层组，使用"圆角矩形工具"，在"选项"栏上设置"半径"为 10px，在画布中绘制白色的圆角矩形，如图 5-9 所示。为该图层添加"投影"图层样式，对相关选项进行设置，如图 5-10 所示。

图 5-9 绘制白色的圆角矩形 1   图 5-10 设置"投影"参数

Step 05 单击"确定"按钮，完成"图层样式"的对话框设置，效果如图 5-11 所示。使用"横排文字工具"，在"字符"面板中对相关选项进行设置，在画布中输入相应的文字，如图 5-12 所示。

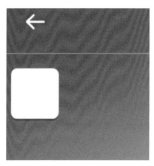

图 5-11 图像效果   图 5-12 输入文字

Step 06 使用相同的制作方法，完成相似图形的绘制，效果如图 5-13 所示。使用"圆角矩形工具"，在"选项"栏上设置"半径"为 5px，在画布中绘制白色的圆角矩形，并设置该图层"填充"为 40%，效果如图 5-14 所示。

Step 07 使用"路径选择工具"，按住 Alt 键拖动刚绘制的圆角矩形，复制该圆角矩形，如图 5-15 所示。使用相同的制作方法，将圆角矩形复制多个并进行排列，效果如图 5-16 所示。

图 5-13　完成相似内容的制作 2

图 5-14　绘制白色的圆角矩形 2

图 5-15　复制圆角矩形

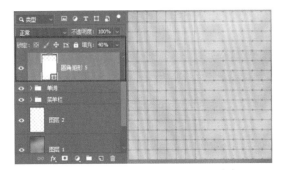

图 5-16　复制多个圆角矩形

☆ 提示

　　使用"路径选择工具"选中形状图形路径，并对路径进行复制，则所复制得到的形状图形与原形状图形位置同一个形状图层中，而使用"选择工具"对图形进行复制时，每复制一次都会自动创建一个新的图层。

　　Step 08 新建名称为"颜色"的图层组，使用"圆角矩形工具"，在"选项"栏上设置"填充"为 RGB（132、76、168），在画布中绘制圆角矩形，效果如图 5-17 所示。使用相同的制作方法，可以完成游戏界面中相应内容的制作，效果如图 5-18 所示。

图 5-17　绘制圆角矩形

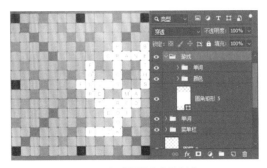

图 5-18　完成相似内容的制作 3

Step 09 新建名称为"选项栏"的图层组,使用"矩形工具",在画布中绘制黑色矩形,并设置该图层"填充"为 50%,效果如图 5-19 所示。使用相同的制作方法,可以在画布中绘制直线,效果如图 5-20 所示。

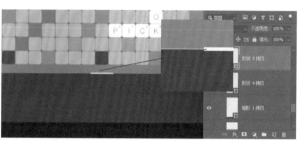

图 5-19 绘制黑色矩形　　　　　　　　　图 5-20 绘制直线

Step 10 使用"椭圆工具",在画布中绘制黑色正圆形,效果如图 5-21 所示。为该图层添加"描边"图层样式,对相关选项进行设置,如图 5-22 所示。

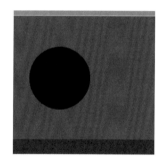

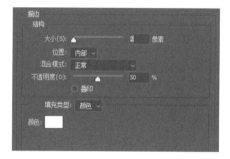

图 5-21 绘制黑色正圆形　　　　　　　　图 5-22 设置"描边"参数 1

Step 11 单击"确定"按钮,完成"图层样式"的对话框设置,设置该图层的"填充"为 0,效果如图 5-23 所示。使用"自定形状工具",在"选项"栏上的"形状"下拉面板中选择合适的形状,在画布中绘制白色三角形,效果如图 5-24 所示。

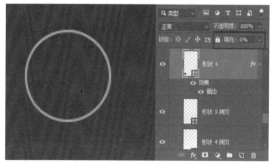

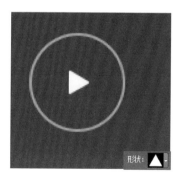

图 5-23 设置填充　　　　　　　　　　图 5-24 绘制白色三角形

Step 12 为该图层添加"描边"图层样式，图像效果如图 5-25 所示。使用相同的制作方法，可以完成游戏界面底部其他图标的绘制，效果如图 5-26 所示。

图 5-25　设置"描边"参数 2

图 5-26　完成游戏界面底部其他图标的绘制

5.3　Android 系统游戏 UI 设计基础

Android 操作系统最初由 Andy Rubin 开发，主要支持手机。2005 年 8 月由 Google 收购注资。2007 年 11 月，Google 与 84 家硬件制造商、软件开发商及电信营运商组建开放手机联盟共同研发改良 Android 系统。

▶ 5.3.1　Android 系统的界面尺寸

设计制作 Android 系统设计稿时，一般采用 1080×1920px 的主流尺寸，因为此款主流尺寸方便适配。图 5-27 所示为 Android 系统主流设备尺寸的图像效果。

1080×1920px
主流设备尺寸

图 5-27　Android 系统
主流设备尺寸

☆练一练——设计制作《开心消除》游戏的启动图标☆

源文件：第 5 章 \5-3-1.psd　　　视频：第 5 章 \5-3-1.mp4

微视频

· 设计分析

本案例设计一款消除类手机游戏图标，运用多个半圆形组成图标中的花边造型，结合游戏中的可爱卡通形象，体现出游戏的可爱特点，让人印象深刻。图 5-28 所示为游戏 App 的启动图标。

想要绘制出可爱的游戏图标，图形尤为重要，要表现出可爱的感觉。本款消除类游戏图标并不是特别复杂，通过绘制圆角矩形并为其填充渐变颜色，从而体现

图 5-28　游戏 App 的启动图标

出图标轮廓的层次感，在图标的内容区域使用半圆形组成花边造型，体现出可爱的感觉，在图标中通过游戏中的多个卡通形象组成图标的主体造型，充分突出该款游戏的特点，使图标更加生动形象。

• 制作步骤

Step 01 执行"文件→打开"命令，打开"第 5 章 \103.jpg"文件，如图 5-29 所示。新建名称为"背景"的图层组，使用"圆角矩形工具"画布中绘制一个白色圆角矩形，为该图层添加"渐变叠加"图层样式，如图 5-30 所示。

图 5-29　打开素材图像　　　　图 5-30　创建圆角矩形 1

Step 02 复制"圆角矩形 1"图层，修改图层的"渐变叠加"图层样式，将复制得到的图形等比例缩小，效果如图 5-31 所示。使用"矩形工具"，在画布中绘制一个白色矩形，如图 5-32 所示。

图 5-31　复制圆角矩形　　　　图 5-32　创建白色矩形

☆ 提示

此处两个圆角矩形，一个填充从浅到深的黄绿色，另一个填充从深到浅的黄绿色，两个圆角矩形相关叠加，使图标背景产生很强的层次感，并且圆角矩形的边缘会有一定的厚度感。

Step 03 打开"第 5 章 \102.jpg"文件，执行"编辑→定义图案"命令，弹出"图案名称"对话框，将其定义为图案，如图 5-33 所示。

图 5-33　定义图案

Step 04 返回设计文档中，为"矩形 1"图层添加"图案叠加"图层样式，图像效果如图 5-34 所示。复制"矩形 1"图层，清除该图层的图层样式，为该图层添加"内阴影"图层样式，设置该图层的"填充"为 0，效果如图 5-35 所示。

图 5-34　添加图案叠加　　　　图 5-35　添加内阴影的图层样式

☆ 提示

通过"内阴影"图层样式的添加使图形产生向内的阴影效果，并设置该图层的"填充"为 0，则该图层中只能看到内阴影的效果，而看不到该图层中的填充像素，从而使图形产生一种向内凹陷的视觉效果。

Step 05 使用"椭圆工具"，设置"填充"为 RGB（179、186、60），在画布中绘制一个椭圆形，如图 5-36 所示。多次复制该图层，并分别将复制得到图形调整到合适的大小和位置，将相应的图层合并，效果如图 5-37 所示。

图 5-36　创建椭圆形 1　　　　图 5-37　复制多次椭圆

Step 06 新建名称为"卡通人物"的图层组，使用"椭圆工具"，设置"填充"为 RGB（253、218、1），在画布中绘制一个椭圆形，如图 5-38 所示。执行"编辑→变换路径→变形"命令，对该图形进行适当的变形操作，效果如图 5-39 所示。

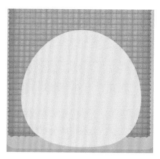

图 5-38　创建椭圆形 2　　　　　　　图 5-39　变形操作

☆ 提示

此处除了可以使用"变形"命令，对椭圆形进行变形处理，调整到需要的图形效果外，还可以在所绘制的椭圆形路径上添加锚点，使用"直接选择工具"，对锚点进行相应的调整，同样可以将椭圆形调整为所需的形状，在调整的过程中注意保持图形的平滑度。

Step 07 为该图层添加"内阴影"和"内发光"的图层样式，图像效果如图 5-40 所示。使用"钢笔工具"，在"选项"栏上设置"工具模式"为"形状"，"填充"为 RGB（255、248、2），在画布中绘制不规则形状图形，效果如图 5-41 所示。

图 5-40　添加图层样式　　　　　　　图 5-41　创建不规则形状 1

☆ 提示

在绘制曲线路径的过程中调整方向线时，按住 Shift 键拖动鼠标可以将方向线的方向控制在水平、垂直或以 45° 角为增量的角度上。

Step 08 为该图层添加图层蒙版，使用"渐变工具"，在蒙版中填充黑白线性渐变，效果如图 5-42 所示。使用相同的制作方法完成相似图形的绘制，效果如图 5-43 所示。

图 5-42　添加图层蒙版 1　　　　　　　图 5-43　完成相似内容的制作 1

Step 09 新建图层，使用"画笔工具"，设置"前景色"为 RGB（255、48、0），选择合适的笔触，在画布相应位置绘制，如图 5-44 所示。使用"椭圆工具"，设置"填充"为 RGB（87、0、0），在画布中绘制一个正圆形，如图 5-45 所示。

图 5-44　绘制圆点　　　　　　　　　　图 5-45　创建正圆形

Step 10 复制该图层，将复制得到的正圆形调整到合适的位置，效果如图 5-46 所示。使用"圆角矩形工具"，设置"填充"为 RGB（87、0、0），"半径"为 5px，在画布中绘制一个圆角矩形，如图 5-47 所示。

图 5-46　复制正圆形　　　　　　　　　图 5-47　创建圆角矩形 2

Step 11 使用"钢笔工具"，设置"路径操作"为"合并形状"，在刚绘制的圆角矩形基础上添加相应的形状图形，效果如图 5-48 所示。

Step 12 使用"矩形工具",设置"填充"为 RGB（255、49、21）,在画布中绘制一个矩形,如图 5-49 所示。

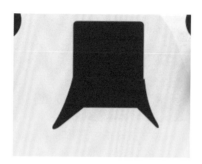

图 5-48　创建不规则形状 2　　　　　　图 5-49　创建矩形 1

Step 13 使用"矩形工具",设置"填充"为 RGB（87、0、0）,在画布中绘制一个矩形,如图 5-50 所示。执行"编辑→变换路径→斜切"命令,对矩形进行斜切操作,再执行"编辑→变换路径→旋转"命令,对图形进行旋转操作,效果如图 5-51 所示。

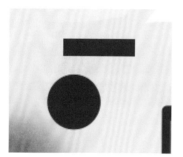

图 5-50　创建矩形 2　　　　　　　　图 5-51　变换操作

Step 14 复制该图层,将复制得到的图形进行水平翻转并调整到合适的位置,效果如图 5-52 所示。使用相同的制作方法,完成相似图形的绘制,效果如图 5-53 所示。

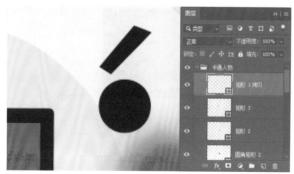

图 5-52　复制形状　　　　　　　　图 5-53　完成相似内容的制作 2

Step15 新建名称为"图标"的图层组，将所有图层组移至该图层组，并调整图层组的叠放顺序，如图 5-54 所示。

Step16 复制"图标"图层组得到"图标 拷贝"图层组，执行"编辑→变换→垂直翻转"命令，将复制得到的图形垂直翻转并向下移至合适的位置，效果如图 5-55 所示。

图 5-54　编组图层组　　　　　　　　　　图 5-55　复制图层组

☆ 提示

选择需要拖入图层组中的图层，将图层拖曳至图层组名称上，即可将图层移入图层组中。选择需要移出图层组的图层，向图层组外侧拖动图层即可将图层移出图层组。如果需要移入或移出图层组的图层在图层组的边缘位置，最简单的方法就是按组合键 Ctrl+] 或 Ctrl+[向上方或下方移动图层，即可将图层移入或移出图层组。

Step17 为该图层组添加图层蒙版，使用"渐变工具"，在蒙版中填充黑白线性渐变，效果如图 5-56 所示。完成该消除类手机游戏图标的设计制作，最终图像效果如图 5-57 所示。

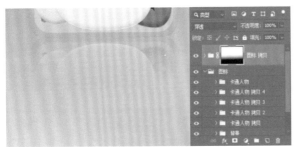

图 5-56　添加图层蒙版 2　　　　　　　　图 5-57　图像效果

▶ 5.3.2　Android 系统的布局尺寸

基于 Android 系统的 App 元素一般分为四个部分：状态栏、导航栏、内容区域和标签栏。图 5-58 所示为基于 Android 系统的 App 软件界面。

图 5-58　基于 Android 系统的 App 软件界面

状态栏：位于界面最上方。当有短信、通知、应用更新、连接状态变更时，会在左侧显示，而右侧则是电量、信息、时间等常规手机信息。按住状态栏下拉，可以查看信息、通知和应用更新等详细情况。导航栏：在该部分显示当前 App 应用的名称或者功能选项。标签栏：标签栏放置的是 App 的导航菜单，标签栏既可以在 App 主体的上方，也可以在主体的下方，但标签项目数不宜超过 5 个。

☆练一练──设计制作《开心消除》游戏的开始界面☆

微视频

源文件：第 5 章 \5-3-2.psd　　　　视频：第 5 章 \5-3-2.mp4

· 设计分析

　　本案例设计制作一款 Android 系统名为《开心消除》的游戏界面，通过卡通图像造型和发光效果相结合，表现出界面的卡通感，游戏界面中按钮的设计，运用了多层次高光图形表现出按钮的水晶质感。图 5-59 所示为 App 游戏的开始界面。

　　消除类游戏需要带给玩家欢乐，

图 5-59　App 游戏的开始界面

本案例的游戏界面由各种卡通造型元素构成，表现出轻松、欢乐的界面风格，界面中绘制的多种图形都添加了"外发光"图层样式，使界面中元素的光影效果更加丰富。

- 制作步骤

Step01 执行"文件→新建"命令，弹出"新建文档"对话框，新建一个空白的文档，如图 5-60 所示。使用"矩形工具"在画布中绘制一个矩形，为形状填充渐变颜色，如图 5-61 所示。

图 5-60　新建文件　　　　　图 5-61　创建矩形并设置填充颜色

Step02 新建名为"光芒"的图层组，使用"矩形工具"在画布中绘制白色的矩形，如图 5-62 所示。执行"编辑→变换路径→透视"命令，对该矩形进行透视调整，效果如图 5-63 所示。

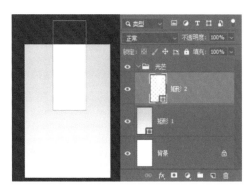

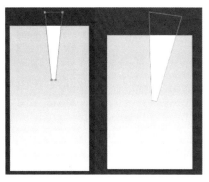

图 5-62　创建白色的矩形　　　　　　　图 5-63　透视操作

Step03 为该图层添加"描边""内发光"和"外发光"图层样式，设置该图层的"填充"为 35%，效果如图 5-64 所示。复制"矩形 2"图层，按组合键 Ctrl+T，显示变换框，调整中心点的位置，如图 5-65 所示。

图 5-64 添加"描边""内发光"和"外发光"图层样式　　　图 5-65 变换操作 1

使用"描边"图层样式可以为图像边缘添加颜色、渐变或图案轮廓描边。"描边"图层样式中的"位置"选项主要用于设置描边的位置，包括"外部""内部"和"居中"3 个选项可以选择。

Step 04 对复制得到的图形进行旋转操作，效果如图 5-66 所示。使用相同的制作方法，可以得到其他图形效果，如图 5-67 所示。

 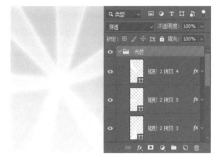

图 5-66 旋转操作　　　　　　　　图 5-67 完成相似内容的制作

☆ 提示

按组合键 Ctrl+T，可以显示对象的变换框和变换中心点，变换中心点位置默认显示在变换框的中心位置，可以拖动变换中心点改变其位置，所有的变换操作都是以变换中心点为中心进行的。

Step 05 为"光芒"图层组添加图层蒙版，使用"画笔工具"，设置"前景色"为黑色，在蒙版中合适的位置涂抹，效果如图 5-68 所示。新建名称为"彩虹"的图层组，使用"矩形工具"，在画布中绘制一个矩形，效果如图 5-69 所示。

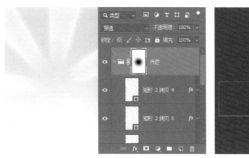

图 5-68　填充图层蒙版　　　　　　　　　　图 5-69　创建矩形

Step 06 为该图层添加"渐变叠加"图层样式，设置该图层的"填充"为 0，如图 5-70 所示。在"矩形 3"图层上右击，在弹出的快捷菜单中选择"栅格化图层样式"选项，将该图层栅格化为普通图层，如图 5-71 所示。

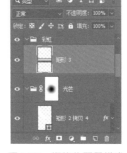

图 5-70　添加"渐变叠加"图层样式　　　图 5-71　栅格化图层样式

☆ 提示

此处设置的是彩虹色渐变，即从红色到紫色的多色彩渐变，在 Photoshop 的渐变颜色预设中预设了彩虹色渐变，直接选择该渐变预设即可。

Step 07 执行"滤镜→扭曲→极坐标"命令，弹出"极坐标"对话框，设置如图 5-72 所示。单击"确定"按钮，应用"极坐标"滤镜设置，将该图形向下移动，调整到合适的位置，效果如图 5-73 所示。

图 5-72　极坐标滤镜　　　　　　　　　　图 5-73　变换操作 2

☆ 提示

接下来需要通过使用"极坐标"滤镜将该图形制作成圆弧状，如果不栅格化图层样式，则通过"极坐标"滤镜处理后，其渐变颜色填充效果将会发生改变。

Step 08 为该图层添加图层蒙版，使用"渐变工具"，在图层蒙版中填充黑白线性渐变，效果如图 5-74 所示。为该图层添加"颜色叠加"和"外发光"的图层样式，设置该图层的"填充"为 60%，效果如图 5-75 所示。

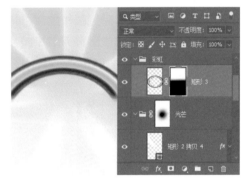

图 5-74　涂抹图层蒙版　　　　　　图 5-75　添加图层样式

Step 09 新建名称为"云朵"的图层组，使用"椭圆工具"，在画布中绘制白色正圆形，效果如图 5-76 所示。使用"椭圆工具"，在"选项"栏上设置"路径操作"为"合并形状"，在刚绘制的正圆形上再添加其他正圆形，得到云朵图形，效果如图 5-77 所示。

图 5-76　创建白色正圆形　　　　　　图 5-77　合并形状

Step 10 为该图层添加"内阴影"和"外发光"图层样式，如图 5-78 所示。复制"椭圆 1"图层，将复制得到的图形调整至合适的大小和位置，效果如图 5-79 所示。

Step 11 修改"椭圆 1 拷贝"图层的"内阴影"图层样式，效果如图 5-80 所示。复制"云朵"图层组，将复制得到的图形调整到合适的大小和位置，效果如图 5-81 所示。

Step 12 使用相同的制作方法，可以将该图层组复制多次，并分别调整到合适的大小和位置，效果如图 5-82 所示。使用相同方法完成相似内容的制作，最终完成消除类手机游戏界面的制作，最终效果如图 5-83 所示。

图 5-78　添加"内阴影"和"外发光"图层样式

图 5-79　复制图形并调整位置 1

图 5-80　添加"内阴影"图层样式

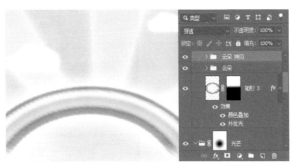

图 5-81　复制图形并调整位置 2

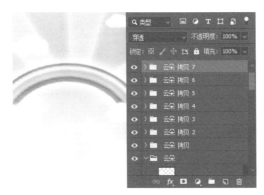

图 5-82　复制多次图层组

图 5-83　最终效果

5.4　App 游戏的情感设计

　　伴随着游戏市场的日渐成熟，玩家群体也在不断成长。App 游戏中的"情感化"虽然不再是一个新颖的设计原则，但在执行层面，如何将情感设计与产品结合，如何向玩家传达情感设计，仍然考验着每一位设计师。

▶ 5.4.1 故事化包装

一个情感丰富的故事，相较于图形、颜色和样式等元素，往往更能调动玩家的情绪并使之着迷。丰富情感或完善游戏世界观的同时，唤起玩家对游戏的感性思考，从而建立起具有差异化的品牌感受。

"日夜争逐游神巡"是《神都夜行录》2019 年末的版本维护活动，活动以日夜相竞、昼夜不休为主题。在活动界面中，玩家在降妖师的一番助力下，光影交巡，互不相让。游戏更新维护后，玩家可用游戏货币（紫玉）购买"祈福卡"和"饱食卡"，用以帮助玩家更好地完成活动，如图 5-84 所示。

神都故事与界面的结合，使玩家产生了完成任务的内在动机，以讲故事的形式打动了玩家，上线后得到了非常好的用户反馈，强化了游戏的品牌形象。

图 5-84 《神都夜行录》手游的活动界面

▶ 5.4.2 空间导航

突破物理屏幕的限制，基于空间架构系统的导航设计形式，正在被越来越多的 App 游戏产品实践。通过对导航路径的设计与系统功能的包装，在各系统版块之前架构起除功能联系之外的空间位置联系。图 5-85 所示为《明日方舟》手游的空间导航。

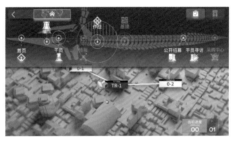

在手游《明日方舟》中，设计师将导航系统构建了虚拟的空间关系，使各个导航入口排布在一艘虚拟的飞船之上。玩家在大部分系统界面中，点击导航图标，就可以看到这一取代传统导航栏的"空间导航"。

图 5-85 《明日方舟》手游的空间导航

空间导航的优点在于使游戏世界更加真实，交互路径更具代入感；玩家可以通过自身的空间感，对游戏系统建立起更加生动、立体的记忆。图 5-86 所示为《刺客信条：燎原》手游的空间导航。

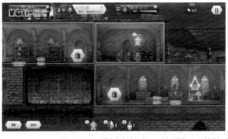

在手游《刺客信条：燎原》中，玩家可以通过滑动屏幕，在各个建筑物间切换，以实现在不同玩法系统间的扁平切换。从玩家角度来看，系统的呈现更加自然有趣，操作体验更加流畅。

图 5-86 《刺客信条：燎原》手游的空间导航

▶ 5.4.3 永远响应

硬件性能的提升与图形技术的发展，使得游戏开发者可以为玩家构建出越来越真实、鲜活的游戏世界。在界面层面，大量生动的效果得到应用，相比静止不动的画面，动态的设计更加能带动玩家的情绪，使玩家感受到游戏世界中蕴含的活力与生机。图 5-87 所示为《万象物语》手游的呼吸感。

使界面保持鲜活的另一种方式是对玩家的一切输入作出回应。如果无效的甚至是无意识的输入都可以被系统响应，对于玩家而言，这样的游戏体验可以让玩家更加愉悦并时刻充满惊喜。

在手游《万象物语》中，任何一个界面都保持着其特有的呼吸感，使游戏的品质达到了新的高度。

图 5-87　《万象物语》手游的呼吸感

☆ 提示

匹配或加载界面往往是了无生趣的，但在《喷射乌贼娘 2》中，玩家若是在匹配时推动摇杆或按下按钮，背景音乐将随之发生变化，产生类似打碟的效果，以响应玩家的输入。

▶ 5.4.4　强化代入感

手柄和触屏设备，都为设计师们提供了足够丰富的输入手段，虽然无法媲美现实世界的物理行为，但一些游戏通过对玩家交互行为的充分研究，设计出了更具代入感的输入方式和查看方式。图 5-88 所示为《QQ 炫舞》的图鉴查看界面。

玩家行为有时不必完全匹配角色行为，如在动作的逻辑、方向和力度等维度建立映射关系。一定程度上，设计师可以将这些复杂的映射关系简化，但这样的设计并不会降低玩家的代入对应感受。此外，设计师还可以使交互行为匹配玩家即时的情绪。图 5-89 所示为《第五人格》手游的"挣脱"代入感。

《QQ 炫舞》的设计师利用触屏的传感技术，将玩家行为与游戏内的角色行为完美匹配。当玩家扮演的角色查看图鉴时，玩家可以像买卖商品一般将图鉴左右旋转，并用拇指控制图鉴的大小，查看行为的一致产生了令人难忘的代入感。

图 5-88　《QQ 炫舞》的图鉴查看界面

当玩家被监管者捉住时，使用左右手交替点击按钮挣脱。左右手的快速协同操作与"挣脱"行为并无太多相似，但行为本身的急促感，与玩家此刻的紧张感非常接近，使玩家产生了垂死挣扎的真实感受。

图 5-89　《第五人格》手游的"挣脱"代入感

5.5 App 游戏的轻重设计

随着玩家群体审美与用户习惯的养成，App 游戏界面的进化趋势偏向于更简洁、更流畅和更友好等方面。完善 App 游戏界面中元素的轻重设计，可以使玩家获得更加轻松自如的游戏体验。

▶ 5.5.1 以内容为中心

对简洁的追求是当代审美的重要趋势。简洁的设计意味着更少的干扰和更清晰的信息。而简洁的 App 游戏界面是以内容为中心的，以内容为中心的设计思路体现为：关注玩家在不同情景和状态下的需求，从而对提供的信息作出判断，将玩家需要关注的信息进行强调，减弱无关信息的存在以避免干扰。

以内容为中心的设计原则最早出现在网页游戏 UI 设计中，以一种非几何的自然形状为基础进行创作，后来陆续出现在了运营活动设计和一些 UI 情感化的场景中，并且也延伸出了许多不同的风格变化，最终在移动端游戏 UI 设计上得以发展壮大。图 5-90 所示为《怪物猎人：世界》手游的界面，体现了以内容为中心。

在《怪物猎人：世界》中，设计师细分了玩家在副本中的战斗与脱战状态。在脱战状态下，玩家的关注点在于场景与地图，血量信息对玩家而言并不重要。此时，血量条被减弱为一个点，以降低其对画面的干扰，并提高了界面的简洁度。

图 5-90 《怪物猎人：世界》手游的界面

▶ 5.5.2 强化控制感

流畅的交互可以使玩家全身心地投入游戏中，甚至让玩家感觉不到界面的存在；反之，界面将变成沉重的锁链，使玩家在体验游戏的过程中步履维艰。App 游戏中的流畅交互体现在玩家对游戏界面的强大控制感。

更流畅的体验是用户界面设计永恒的追求。从视线流到操作流的规划，再到使用动画效果衔接页面，是 Web 网页到移动端网页的过渡，设计师对流畅感的设计逐渐进步。图 5-91 所示为《崩坏 3》手游中的控制感。

在《崩坏 3》中，当玩家停止转动后，模型仍然存在一个惯性的缓慢动作，头发等细节也会有明显的动态配合。惯性的设计更符合人在现实生活中建立起来的物理感知，因此在感官上更加流畅。

图 5-91 《崩坏 3》手游中的控制感

5.6 传统游戏与 App 游戏的异同

智能手机屏幕尺寸较小，并且手机操作系统较多，所以传统游戏 UI 设计的相关规范并不是完全适用于手机游戏的 UI 设计。在对手机游戏 UI 进行设计时，设计师必须了解该款游戏所适用手机的类型、操作系统、屏幕尺寸等。下面介绍传统游戏与手机游戏 UI 设计的相同点和不同点。

▶ 5.6.1 相同点

从整体上来讲，传统游戏与手机游戏都属于 UI 设计的范畴，都是为了玩家能够更好地体验游戏而存在的。从设计方法上来讲，所遵循的方法也是一致的，它们都需要考虑 UI 设计是否有利于玩家目标的完成，是否有利于高效、易用的操作。视觉上，需要有与游戏整体效果相统一的视觉元素。交互上，都需要一个清晰、简洁、便于记忆、易于操作的逻辑。

▶ 5.6.2 不同点

1. 操作系统

计算机基本上是 Windows 操作系统和 Mac 操作系统，大多数用户使用的是 Windows 操作系统。而移动端的操作系统，目前市面上比较流行的有 iOS 系统和 Android 系统。

2. 硬件

手机屏幕尺寸对游戏感受影响较大。目前市场上各种类型的智能手机品种非常多，不同的分辨率、尺寸，各种各样的硬件配置都制约着手机游戏的开发。

3. 使用环境

操作习惯上，计算机游戏是键盘加鼠标的操作方式，操作的精度更高，自由度也更好。而手机受尺寸的影响，操作的精确度较低。

一般玩计算机游戏的时候，玩家基本上拥有大段可以自由支配的时间，坐在一个固定的位置；而手机游戏玩家大多数都是利用零散的时间，游戏的间断性也比较高。因此，在设计手机游戏 UI 的时候，设计师需要为玩家考虑的东西更多、更贴切。

5.7 其他设备的游戏 UI 设计

iPad 是由苹果公司开发的采用 iOS 系统的平板计算机，提供浏览互联网、收发电子邮件、观看电子书、播放音频或视频、玩游戏等功能。由于 iPad 提供了比 iPhone 手机更大的屏幕，所以在 iPad 上玩游戏可以给玩家带来更好的视觉和用户体验。接下来介绍一些 iPad 游戏界面设计过程中的视觉设计要素。

☆练一练——设计制作 iPad 游戏开始界面☆

源文件：第 5 章 \5-7.psd   视频：第 5 章 \5-7.mp4

• 设计分析

本案例设计一款 iPad 游戏开始界面，通过可爱的游戏场景搭配多彩色的质感游戏按钮和游戏标题文字，界面清晰、重点突出，使用户能够轻松地进行需要的操作。图 5-92 所示为完整的 iPad 游戏开始界面。

该游戏是一款 Q 版小游戏，界面的设计需要能够表现出 Q 版的可爱风格。使用游戏场景作为界面的背景，在界面的左侧放置游戏中的卡通角色造型，右侧使用特殊的字体，通过图层样式的方式制作出游戏标题，使用多层次的圆角矩形来构成游戏按钮，在按钮的设置中注意通过绘制高光图形来表现出按钮的质感。

图 5-92　iPad 游戏开始界面

• 制作步骤

Step01 执行"文件→打开"命令，打开"第 5 章 \501.jpg"文件，如图 5-93 所示。继续打开"第 5 章 \502.png"文件，将其拖入设计文档中，调整到合适的大小和位置并进行适当的旋转操作，效果如图 5-94 所示。

图 5-93　打开素材图像

图 5-94　添加素材图像

Step02 新建名称为"游戏文字"的图层组，使用"横排文字工具"，在"字符"面板中对相关选项进行设置，在画布中单击输入文字，如图 5-95 所示。选中文字图层，执行"文字→文字变形"命令，弹出"变形文字"对话框，设置如图 5-96 所示。

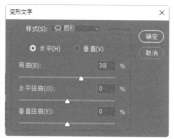

图 5-95　输入文字 1　　　　　　　　　　图 5-96　变形文字参数

"变形文字"对话框中的"弯曲"选项主要用于设置变形文字的弯曲程度。"水平扭曲"和"垂直扭曲"这两个选项的设置可以为文本应用透视变形效果，设置正值的时候从左到右进行水平扭曲或从上到下进行垂直扭曲，设置为负值的时候反之。

Step 03 单击"确定"按钮，完成"变形文字"对话框的设置，效果如图 5-97 所示。为该文字图层添加"描边"和"投影"图层样式，并设置该图层的"填充"为 0，效果如图 5-98 所示。

图 5-97　变形文字效果　　　　　图 5-98　添加"描边"和"投影"图层样式

Step 04 复制文字图层，并清除图层样式，为该图层添加"斜面和浮雕""描边""内发光""光泽"和"渐变叠加"等图层样式，对相关选项进行设置，"图层"面板如图 5-99 所示，文字的图像效果如图 5-100 所示。

为图层添加"光泽"图层样式可以在图像内部创建类似内阴影、内发光的光泽效果，不过通过"光泽"图层样式的"大小"与"距离"选项，可以对光泽效果进行智能控制，得到的效果也与内阴影、内发光完全不同。

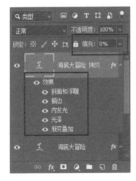

图 5-99　添加图层样式

图 5-100　文字的图像效果

Step 05 新建"图层 2"，使用"画笔工具"，设置"前景色"为白色，选择合适的画笔笔触，在文字上合适的位置绘制图形，效果如图 5-101 所示。为该图层添加"外发光"图层样式，对相关选项进行设置，如图 5-102 所示。

图 5-101　在文字上绘制图像

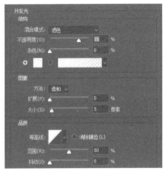

图 5-102　设置"外发光"参数

Step 06 单击"确定"按钮，完成"图层样式"对话框的设置，效果如图 5-103 所示。新建"名称"为"按钮 1"的图层组，使用"圆角矩形工具"，在"选项"栏上设置"填充"为 RGB（2、104、176），"半径"为 24 像素，在画布中绘制圆角矩形，在"属性"面板中对圆角值进行相应的修改，得到需要的图形，如图 5-104 所示。

图 5-103　图像效果 1

图 5-104　创建圆角矩形

使用"圆角矩形工具",在"选项"栏上设置"工具模式"为"形状",在画布中绘制圆角矩形后,会在"属性"面板中显示当前所绘制的圆角矩形的大小、坐标位置、填充颜色、笔触颜色、圆角半径值等属性,可以直接在该面板中修改 4 个圆角半径值分别为不同的值,从而使所绘制的圆角矩形各个圆呈现不同的圆角大小。

Step 07 为该图层添加"渐变叠加"和"投影"的图层样式,对相关选项进行设置,图像效果如图 5-105 所示。复制"圆角矩形 1"图层,清除该图层的图层样式,修改图形的填充颜色为 RGB（50、176、233）,并将其向上移动,效果如图 5-106 所示。

图 5-105　添加"渐变叠加"和"投影"图层样式　　　　图 5-106　图像效果 2

Step 08 为该图层添加"内发光"和"渐变叠加"的图层样式,对相关选项进行设置,"图层"面板和图像效果如图 5-107 所示。复制"圆角矩形 1 拷贝"图层,调整圆角矩形的大小和位置,使用相同的制作方法,添加相应的图层样式,效果如图 5-108 所示。

Step 09 新建"图层 3",使用"渐变工具",打开"渐变编辑器"对话框,设置渐

图 5-107　添加"内发光"和　　　　图 5-108　图像效果 3
　　　　"渐变叠加"图层样式

变颜色,如图 5-109 所示。单击"确定"按钮,完成渐变颜色的设置,在"选项"栏上单击"菱形渐变"按钮,载入"圆角矩形 1 拷贝"图层选区,在选区中合适的位置拖动鼠标填充两处菱形渐变颜色,效果如图 5-110 所示。

使用"渐变工具",在"选项"栏上提供了 5 种不同的渐变填充类型,分别为"线性渐变"、"径向渐变"、"角度渐变"、"对称渐变"和"菱形渐变",默认选中的渐变填充类型为"线性渐变"。"菱形渐变"的填充效果是从起点到中间由内而外颜色进行方形渐变。

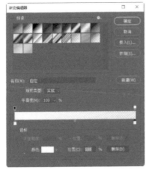
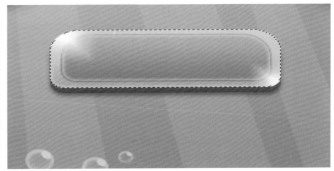

图 5-109　设置渐变颜色　　　　　　　　　图 5-110　载入图层选区

Step 10 取消选区，设置"图层 3"的"混合模式"为"叠加"，效果如图 5-111 所示。复制"图层 3"得到"图层 3 拷贝"，设置该图层的"不透明度"为 30%，效果如图 5-112 所示。

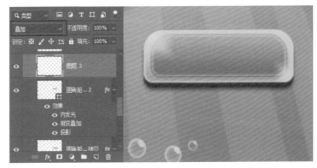

图 5-111　设置混合模式 1

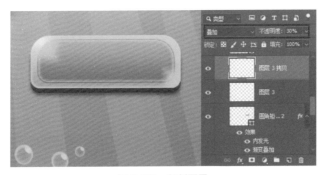

图 5-112　复制图层

Step 11 使用"椭圆工具"在画布中单击拖曳创建白色的椭圆形状，旋转椭圆形状，如图 5-113 所示。使用"多边形工具"，设置"边数"为 5，在画布中绘制五角星形状，分别旋转不同的角度，效果如图 5-114 所示。

图 5-113　创建椭圆形状

图 5-114　创建五角星形状

Step 12 设置"形状 1"图层的"混合模式"为"柔光","不透明度"为 70%,效果如图 5-115 所示。新建"图层 4",使用"画笔工具",设置"前景色"为白色,选择合适的画笔笔触,在合适的位置单击绘制,效果如图 5-116 所示。

图 5-115　设置混合模式 2

图 5-116　涂抹画布

Step 13 设置该图层的"混合模式"为"叠加",载入"圆角矩形 1"图层选区,为该图层添加图层蒙版,效果如图 5-117 所示。使用"横排文字工具",在"字符"面板中对相关选项进行设置,在画布中输入文字,如图 5-118 所示。

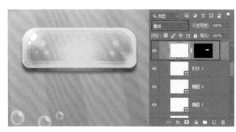

图 5-117　设置混合模式 3

图 5-118　输入文字 2

Step 14 为该文字图层添加"描边"和"投影"图层样式,文字效果如图 5-119 所示。使用相同的制作方法,可以绘制出其他相似的按钮效果,完成该游戏开始界面的设计制作,最终效果如图 5-120 所示。

图 5-119　添加"描边"和"投影"图层样式　　　　图 5-120　最终效果

5.8　举一反三——设计制作 App 游戏的开始按钮

微视频

源文件：第 5 章 \5-8.psd　　　　　视频：第 5 章 \5-8.mp4

　　通过学习本章的相关知识点，读者应该对移动端 App 游戏 UI 设计的设计基础、情感设计和轻重设计有了一定的了解。下面利用所学知识和经验，来设计制作并完成一款 App 游戏的开始按钮。

Step 01　使用"椭圆工具"和"直接选择工具"完成开始按钮的底框，如图 5-121 所示。

Step 02　使用形状工具绘制框，并为其添加图层样式完成按钮的结构，如图 5-122 所示。

Step 03　使用形状工具绘制图形，并设置不透明度完成按钮的高光设计，如图 5-123 所示。

Step 04　使用横排文字工具完成按钮上文字的制作，如图 5-124 所示。

图 5-121　创建底框　　图 5-122　完成按钮结构　　图 5-123　完成高光设计　　图 5-124　完成按钮文字

5.9　本章小结

　　在本章中主要向读者介绍了有关 Android 和 iOS 两大系统和手机游戏 UI 设计的相关知识，使读者能够对手机游戏 UI 设计有更深入的认识，并通过手机游戏 UI 设计案例向读者讲解了手机游戏 UI 设计的方法。读者应能够在理解不同操作系统规范的基础上，设计出精美实用的手机游戏 UI。